Bo Hanus

Photovoltaikanlagen optimieren

Bo Hanus

Photovoltaikanlagen optimieren

30% mehr Gewinn

Leicht gemacht, Geld und Ärger gespart!

Mit 88 farbigen Abbildungen

Bibliografische Information der Deutschen Bibliothek

Die Deutsche Bibliothek verzeichnet diese Publikation in der Deutschen Nationalbibliografie; detaillierte Daten sind im Internet über **http://dnb.ddb.de** abrufbar.

Hinweis

Alle Angaben in diesem Buch wurden vom Autor mit größter Sorgfalt erarbeitet bzw. zusammengestellt und unter Einschaltung wirksamer Kontrollmaßnahmen reproduziert. Trotzdem sind Fehler nicht ganz auszuschließen. Der Verlag und der Autor sehen sich deshalb gezwungen, darauf hinzuweisen, dass sie weder eine Garantie noch die juristische Verantwortung oder irgendeine Haftung für Folgen, die auf fehlerhafte Angaben zurückgehen, übernehmen können. Für die Mitteilung etwaiger Fehler sind Verlag und Autor jederzeit dankbar. Internetadressen oder Versionsnummern stellen den bei Redaktionsschluss verfügbaren Informationsstand dar. Verlag und Autor übernehmen keinerlei Verantwortung oder Haftung für Veränderungen, die sich aus nicht von ihnen zu vertretenden Umständen ergeben. Evtl. beigefügte oder zum Download angebotene Dateien und Informationen dienen ausschließlich der nicht gewerblichen Nutzung. Eine gewerbliche Nutzung ist nur mit Zustimmung des Lizenzinhabers möglich.

Satz: DTP-Satz A. Kugge, München
art & design: www.ideehoch2.de
Druck: L.E.G.O. S.p.A., Vicenza (Italia)
Printed in Italy

ISBN 978-3-7723-**4407-7**

Vorwort

Funktionieren ein Fernsehgerät, ein Kühlschrank oder ein Auto nicht optimal, fällt es schnell auf. Läuft hingegen eine Photovoltaikanlage nicht optimal oder nur „auf Sparflamme", fällt es meist gar nicht auf, denn es fehlen Vergleichsmöglichkeiten.

Dabei funktionieren eigentlich nur relativ wenig Photovoltaikanlagen wirklich optimal. Das kommt vor allem dadurch, dass Solarmodule und Wechselrichter an die gewerblichen Errichter als separate „Bausatz-Bausteine" geliefert werden, die oft nur dürftig aufeinander abgestimmt sind. Die Ursache liegt darin, dass jeder Kunde eine andere Größe der Solarzellenfläche benötigt und andere Prioritäten hat. Mit einer optimalen Abstimmung der Wechselrichter hat man es auch nicht gerade einfach, denn ein Wechselrichter verfügt als Fertigprodukt über keine Regler oder Schalter, mit denen man ihn auf die vorgesehenen Solarmodule abstimmen kann. Zudem ist die Auswahl an „passenden" Wechselrichtern immer noch relativ gering.

Es ist zwar nicht schwierig, eine Photovoltaikanlage so zu konzipieren, dass sie einfach „irgendwie" läuft. Wird jedoch vermehrt Wert auf optimalen Ertrag gelegt, stellt die Projektentwicklung hohe Ansprüche – sowohl an das Fachwissen als auch an den damit verbundenen Zeitaufwand.

Das Grundproblem liegt bei allen netzgekoppelten Photovoltaikanlagen darin, dass die Wechselrichter nicht die volle Portion der erzeugten Solarenergie ins öffentliche Netz einspeisen. Die Leistung bei einer Photovoltaikanlage hängt nicht nur von der eigentlichen Qualität des Wechselrichters, sondern vor allem von dessen Abstimmung auf die angeschlossenen Solarmodule ab. Das ist allerdings noch lange nicht alles. Es gibt kaum eine Photovoltaikanlage, an der sich nicht etwas verbessern ließe, was auf Planungs- oder Anpassungsfehler, nachträglich entstandene Fehlfunktionen oder ausgesprochene Defekte zurückzuführen ist.

Meist fallen die kleineren Defekte oder Fehlanpassungen den Betreibern gar nicht auf. Die Anlage funktioniert meist trotz kleinerer Defekte, einen Referenzvergleich gibt es nicht, und wenn nicht gerade Rauch aus dem Wechselrichter emporsteigt, weist nichts darauf hin, dass mit dem System etwas nicht stimmt. Der Energieertrag ist zudem sowieso jeden Tag und jedes Jahr anders und somit vergehen oft mehrere Jahre, bevor dem Betreiber einer Photovoltaikanlage auffällt, dass da etwas nicht stimmt – wenn er es überhaupt jemals bemerkt.

Vorwort

Von großem Vorteil ist es, wenn der Besitzer einer Photovoltaikanlage deutliche Planungssünden, Fehlfunktionen oder verborgene Defekte noch während der Garantiezeit entdeckt und sie reklamieren kann. Auch in solchen Fällen wird Ihnen dieses Buch eine große Hilfe sein und kann Ihnen viele unnötige Probleme ersparen.

Viel Spaß beim Lesen dieses Buchs!

Ihr Autor Bo Hanus und seine Co-Autorin (und Ehefrau) H. A. Hanus-Walther

Inhaltsverzeichnis

7

Inhaltsverzeichnis

1 Arbeitet meine Photovoltaikanlage optimal?

Diese Frage stellen sich die meisten der privaten Betreiber einer *netzgekoppelten* Photovoltaikanlage vor allem nach der Abrechnung des jährlichen Ertrags der ins öffentliche Netz eingespeisten Solarenergie. Es ist eine berechtigte Frage, denn sehr viele der bereits betriebenen Photovoltaikanlagen arbeiten nicht optimal, sondern gewissermaßen nur auf „Sparflamme": Die Wechselrichter schalten sie zu spät ein, zu früh aus oder eines der Solarmodule stellt ein zu schwaches Glied des ganzen solarelektrischen Generators dar. Der Betreiber ist dann meist hilflos und kann seine Anlage nicht so einfach überprüfen lassen wie ein schlecht funktionierendes Fernsehgerät.

Eine gut funktionierende Photovoltaikanlage sollte natürlich die in sie investierten Kosten innerhalb einer angemessenen Zeitspanne zurückverdienen. Eine kürzere Zeitspanne trifft vor allem auf größere Anlagen zu, die z. B. teilweise in Eigenleistung errichtet wurden

1 Arbeitet meine Photovoltaikanlage optimal?

(oder werden) und deren Solarmodule auf Feldern, Flachdächern oder auf Dächern mit geringer Neigung aufgestellt wurden. Kostensenkend wirkt es sich dabei aus, wenn die Solarmodule z. B. auf einem Dach installiert werden, bei dem die Dachhaut strapazierfähig ist und keine erhöhten Ansprüche an eine aufwendige Installation stellt. So können z. B. die Gestelle der Solarmodule auf das Trapezblechdach einer Scheune entweder direkt mit den bestehenden Blechdachschrauben oder den gleichen Schraubentypen (mit wasserundurchlässigen Unterlegscheiben) montiert werden.

Wird eine Photovoltaikanlage ohne einen Eigenleistungsanteil vollständig von einem Unternehmen errichtet, verteuert sich verständlicherweise die Installation und es dauert entsprechend länger, bevor das investierte Geld durch die Einspeisung der Solarenergie ins öffentliche Netz zurückverdient wird.

Bei kleineren Photovoltaikanlagen an Wohnhäusern erhöht der Installationsaufwand stark die Errichtungskosten, was zur Folge hat, dass das investierte Geld erst nach einer längeren Zeit zurückverdient wird. Was darunter individuell zu verstehen ist, können Sie

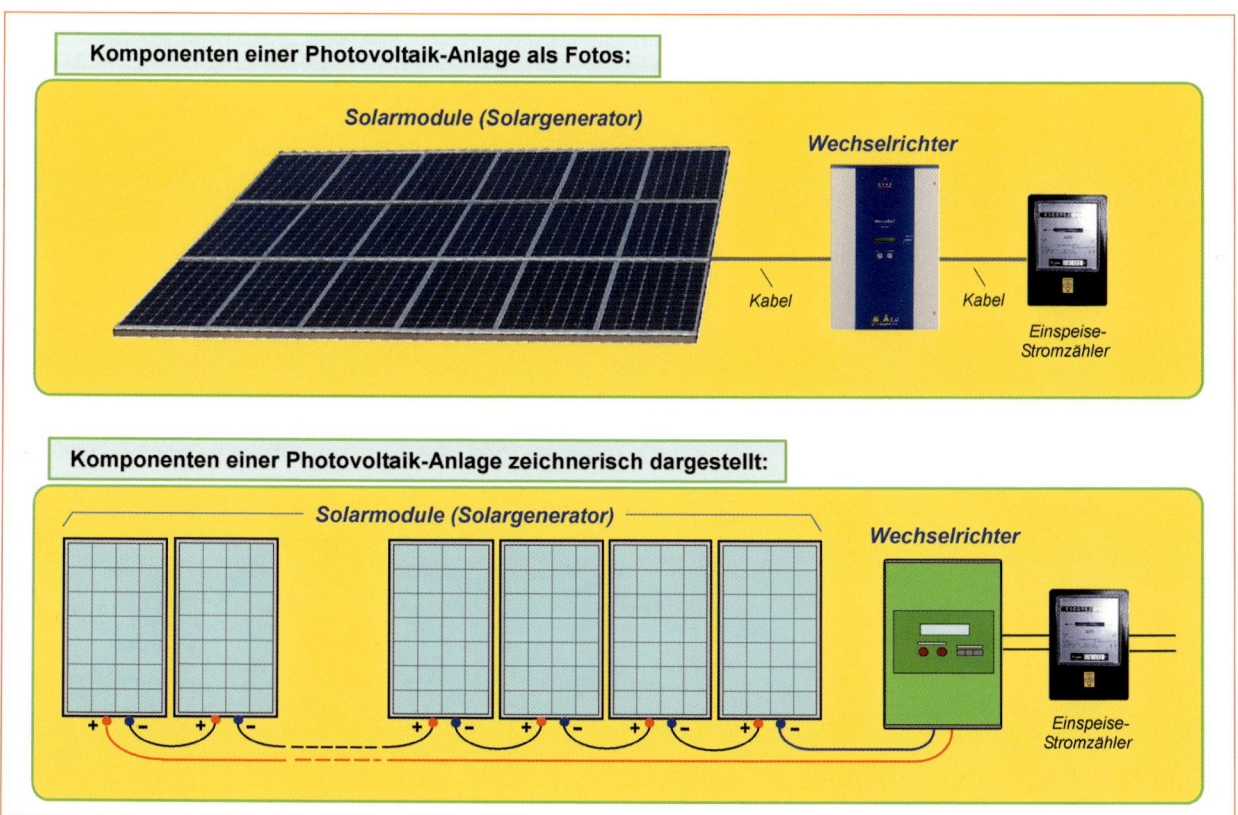

Abb. 1.1 – Eine netzgekoppelte Photovoltaikanlage besteht nur aus zwei Hauptkomponenten: den Solarmodulen, die einen *Solargenerator* bilden, und einem Wechselrichter.

sich zumindest ungefähr anhand der ins öffentliche Netz eingespeisten Energieportionen ausrechnen. Jedes Jahr ist allerdings das Wetter anders. Abgesehen davon ist der Ertrag einer im Süden des Landes betriebenen Photovoltaikanlage generell wesentlich höher als bei einer im Norden betriebenen.

Eine optimale Konzeptlösung, bei der weder überteuerte noch schlechte Solarmodule und Wechselrichter verwendet werden, kann viel Geld sparen. Eigenleistung – oder ein Eigenleistungsanteil – dürfte dabei vor allem bei Häusern mit niedrigen Dächern und Dachneigungen unterhalb von ca. 35° in Erwägung gezogen werden, um Montagekosten zu sparen.

Die von den Herstellern und Erbauern angegebene „Leistungsgarantie", die bei Solarmodulen ca. 20 bis 26 Jahre beträgt, ist meist unverbindlich. Eine gesetzlich verankerte Haftung gilt nur im Rahmen einer schriftlich definierten Garantiedauer. Defekte, die nach einer schriftlich festgelegten Garantiedauer auftreten, müssen auf Kosten des Anlagenbetreibers behoben werden.

Für den Wechselrichter geben die meisten Hersteller eine Garantie von 5 Jahren oder optional (gegen Aufpreis) eine „Leistungsgarantie" von 10 Jahren. Muss der

Wechselrichter nach 10 Jahren ersetzt werden (und das kann schon in Hinsicht auf den technischen Fortschritt sinnvoll sein), erhöht es die Betriebskosten.

Entstehen interne Defekte an den Solarmodulen, müssen diese durch neue Module ersetzt werden. Falls für solche Defekte nicht eine Versicherung (Sturm und Hagel) oder der gewerbliche Errichter (während der Garantiedauer) aufkommt, verteuert der an sich kostspielige Modulersatz ebenfalls die Betriebskosten. Dadurch verlängert sich die Zeitspanne, in der die Anlage das in sie investierte Geld zurückverdienen kann.

Das Wetter stellt bei den Photovoltaikanlagen einen Faktor dar, der eine objektive Bewertung der Funktion erschwert. Außerdem handelt

es sich bei einer Photovoltaikanlage um ein Projekt, das oft aus Bausteinen unterschiedlicher Herkunft zusammenmontiert wurde.

In der Praxis sind die gewerblichen Errichter von Photovoltaikanlagen weitgehend auf sich gestellt und werden von den Lieferanten leider meist nur dürftig betreut. Zudem kennen sich die Hersteller und Lieferanten der Solarmodule mit der Materie der Wechselrichter nicht immer ausreichend aus und die Wechselrichterhersteller konzipieren wiederum ihre Produkte als Universalbausteine, die vielseitig angewendet werden können.

Erfahrungsgemäß ist es nicht schwer, eine Photovoltaikanlage so zu installieren, dass sie „generell" funktioniert. Wenn aber der Wech-

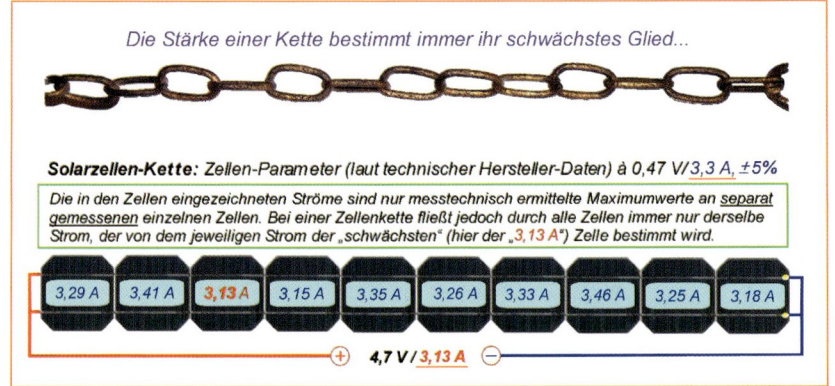

Die Stärke einer Kette bestimmt immer ihr schwächstes Glied...

Solarzellen-Kette: *Zellen-Parameter (laut technischer Hersteller-Daten) à 0,47 V/3,3 A, ±5%*

Die in den Zellen eingezeichneten Ströme sind nur messtechnisch ermittelte Maximumwerte an separat gemessenen einzelnen Zellen. Bei einer Zellenkette fließt jedoch durch alle Zellen immer nur derselbe Strom, der von dem jeweiligen Strom der „schwächsten" (hier der „3,13 A") Zelle bestimmt wird.

3,29 A | 3,41 A | 3,13 A | 3,15 A | 3,35 A | 3,26 A | 3,33 A | 3,46 A | 3,25 A | 3,18 A

(+) **4,7 V/3,13 A** (−)

Abb. 1.2 – Von den vielen hundert Solarzellen, die in den Modulen ihrer Photovoltaikanlagen eingebettet sind, kann eine einzige schwache oder kränkelnde Zelle die Gesamtleistung verringern.

1 Arbeitet meine Photovoltaikanlage optimal?

selrichter auf die an ihm angeschlossenen Solarmodule nicht optimal abgestimmt ist, ist es schwer, das im Nachhinein zu erkennen. Der Elektriker kann oft nicht viel mehr tun, als die Solarmodule an den Wechselrichter anzuschließen, ähnlich wie er z. B. die Deckenlampen eines Großraumbüros an die Sicherungsautomaten anschließt. Schaltet man danach alles ein und es funktioniert „ersichtlich", gibt man sich damit meist zufrieden. So ist es kein Wunder, dass manche Photovoltaikanlage gebaut ist wie ein Porsche mit dem Motor eines VW-Käfers.

Vorteilhaft ist es natürlich, wenn der Installateur über eine technische Ausstattung verfügt, die ihm ein sorgfältiges Austesten der angelieferten und anschließend von ihm ausgelieferten und installierten Solarmodule ermöglicht.

Kommt es z. B. beim Transport zu einer unsichtbaren Beschädigung einer einzigen der mehreren hundert Solarzellen, die in den Modulen integriert sind, kann diese einzige schadhafte Solarzelle den Ertrag der ganzen Anlage auf Dauer drosseln und es ist schwer, diesen Defekt als solchen zu erkennen.

Handelt es sich dabei um ein nicht optisch erkennbar schadhaftes Solarmodul konnte und die Leistung der Solaranlage nicht bei optimalen Wetterbedingungen solide überprüft werden, fällt ein solcher kleiner Defekt gar nicht auf: Die Anlage arbeitet und der Solarstrom wird in das öffentliche Netz gespeist. Der Betreiber gibt sich meist damit zufrieden, dass er seinen Ertrag mit dem Ertrag seiner Nachbarn vergleicht. Stellt er keine alarmierenden Abweichungen fest, weist es theoretisch auf zwei Möglichkeiten hin: Entweder arbeitet

seine Photovoltaikanlage objektiv zufriedenstellend oder die Anlagen der Nachbarn arbeiten ebenfalls nicht optimal. Das muss aber nicht zwingend an einer fehlerhaften Projektentwicklung oder -durchführung liegen, denn manche Schwachstellen zeigen sich erst nach einiger Zeit.

Photovoltaikanlagen sind teure und aufwendige Investitionen, die sich möglichst schnell amortisieren sollen. Oft können einfache Maßnahmen den energetischen (und finanziellen) Ertrag erheblich steigern. Daher sehen wir uns folgend näher an, wie eine Photovoltaikanlage funktionieren sollte und was auch ein technisch wenig erfahrener Betreiber verändern (lassen) kann. Machen Sie sich nun schlau darüber, worauf es ankommt.

Nicht alle Photovoltaikanlagen arbeiten netzgekoppelt. Einige dieser Anlagen werden als *netzunabhängige* (autarke) Photovoltaikanlagen betrieben und nur für den eigenen Bedarf angewendet. Bei solchen Anlagen wird der Solarstrom nicht in das öffentliche Netz eingespeist, sondern zum Laden der Anlagenakkus verwendet. Der tatsächliche energetische Ertrag kann bei diesen Anlagen zwar verständlicherweise nicht vom Einspeisezähler abgelesen werden, lässt sich aber z. B. als Stromverbrauch mit einem Amperemeter ermitteln. Da die Mehrzahl der Leser Photovoltaikanlagen als netzgekoppelte Anlagen betreibt, widmen wir diesen Systemen erhöhte Aufmerksamkeit.

2 Oft vorkommende Fehlfunktionen der Photovoltaikanlagen

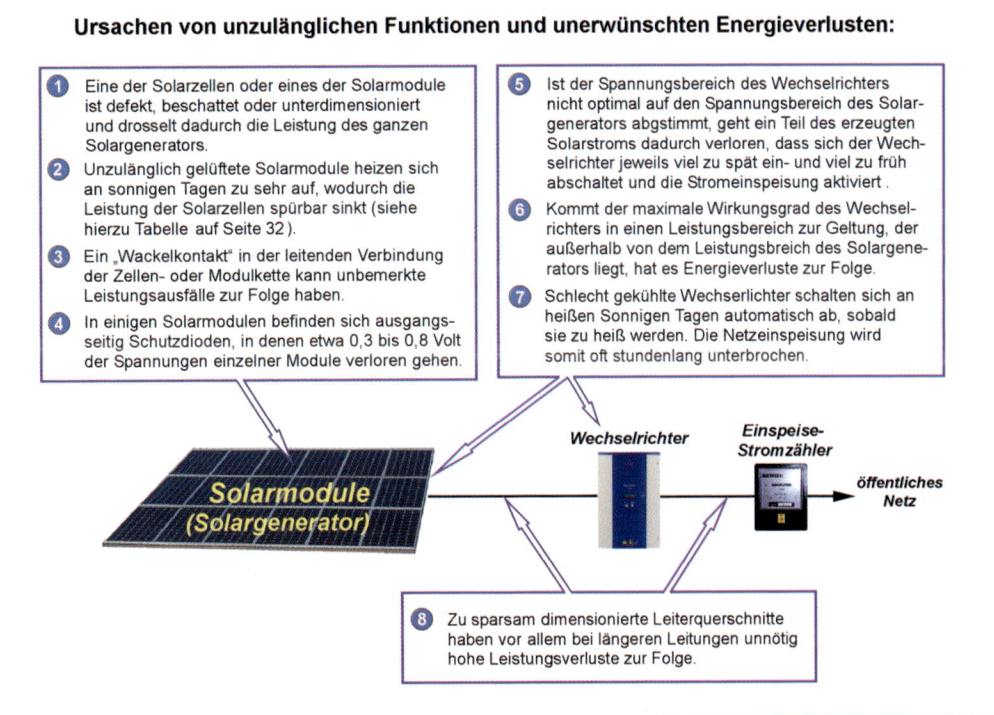

Ursachen von unzulänglichen Funktionen und unerwünschten Energieverlusten:

1 Eine der Solarzellen oder eines der Solarmodule ist defekt, beschattet oder unterdimensioniert und drosselt dadurch die Leistung des ganzen Solargenerators.

2 Unzulänglich gelüftete Solarmodule heizen sich an sonnigen Tagen zu sehr auf, wodurch die Leistung der Solarzellen spürbar sinkt (siehe hierzu Tabelle auf Seite 32).

3 Ein „Wackelkontakt" in der leitenden Verbindung der Zellen- oder Modulkette kann unbemerkte Leistungsausfälle zur Folge haben.

4 In einigen Solarmodulen befinden sich ausgangsseitig Schutzdioden, in denen etwa 0,3 bis 0,8 Volt der Spannungen einzelner Module verloren gehen.

5 Ist der Spannungsbereich des Wechselrichters nicht optimal auf den Spannungsbereich des Solargenerators abgestimmt, geht ein Teil des erzeugten Solarstroms dadurch verloren, dass sich der Wechselrichter jeweils viel zu spät ein- und viel zu früh abschaltet und die Stromeinspeisung aktiviert .

6 Kommt der maximale Wirkungsgrad des Wechselrichters in einen Leistungsbereich zur Geltung, der außerhalb von dem Leistungsbereich des Solargenerators liegt, hat es Energieverluste zur Folge.

7 Schlecht gekühlte Wechselrichter schalten sich an heißen Sonnigen Tagen automatisch ab, sobald sie zu heiß werden. Die Netzeinspeisung wird somit oft stundenlang unterbrochen.

Wechselrichter

Einspeise-Stromzähler

Solarmodule (Solargenerator)

öffentliches Netz

8 Zu sparsam dimensionierte Leiterquerschnitte haben vor allem bei längeren Leitungen unnötig hohe Leistungsverluste zur Folge.

Abb. 2.1 – Vereinfachte Übersicht der am häufigsten vorkommenden Fehlfunktionen.

2 Oft vorkommende Fehlfunktionen der Photovoltaikanlagen

Eine einfache Übersicht der häufig vorkommenden unzulänglichen Funktionen bei netzgekoppelten Photovoltaikanlagen zeigt Abb. 2.1.

Erläuterung der einzelnen Fehlfunktionen aus Abb. 2.1:

❶ Hier gilt das in Abb. 2.1 aufgeführte Prinzip des schwächsten Glieds einer Kette: Die Solarzelle mit dem schwächsten Strom bestimmt den maximalen Strom ihres Solarmoduls und das Solarmodul mit dem schwächsten Strom bestimmt wiederum den maximalen Strom der ganzen Modulkette (des Modulstrangs). Es ist nicht üblich, dass die Hersteller der Solarmodule bei jedem Einzelstück die tatsächlichen „produktbezogenen" technischen Parameter aufführen, sondern nur Standarddaten mit dem Hinweis auf eine Toleranz (von z. B. ±3 %, ±5 % oder ±10 %) angeben. So erhält der Kunde durch die Herstellungsstreuung die Solarmodule quasi „wie gewachsen". Wenn diese vor der Montage nicht noch zusätzlich gemessen und getestet werden, bleibt es nur dem Zufall überlassen, ob eine der Solarzellen oder eines der Solarmodule nicht zu sehr aus der Reihe tanzt und den Strom der ganzen Modulkette beeinträchtigt (siehe hierzu auch Kapitel 7).

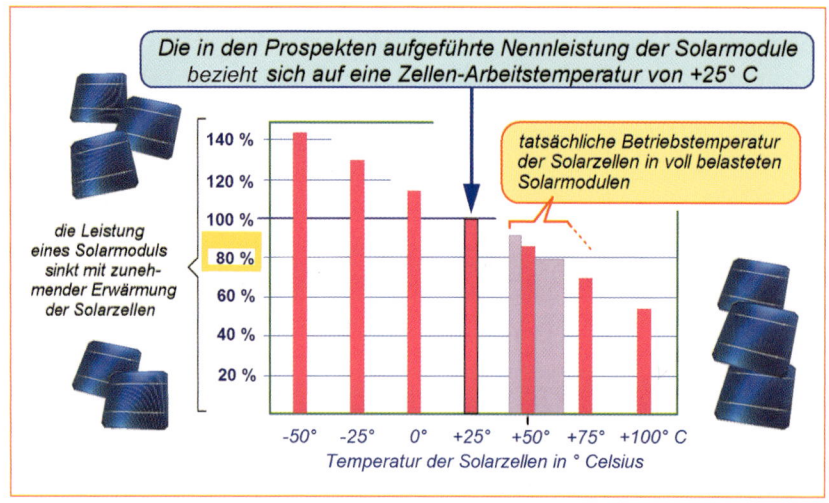

Abb. 2.2 – Die Leistung eines Solarmoduls sinkt mit zunehmender Temperatur.

❷ Die Leistung der Solarzellen und Solarmodule hängt stark von ihrer Arbeitstemperatur ab. Das größte Dilemma stellt hier die wenig bekannte Eigenschaft der Solarzellen dar, für eine optimale Funktion viel Sonnenschein zu benötigen, Wärme dagegen aber gar nicht zu mögen. Die in den Prospekten der Solarzellen und Solarzellenmodule angegebenen technischen Daten beziehen sich meist auf eine Arbeitstemperatur von +20 bzw. +25 °C, die bei einem normalen Betrieb nicht erzielbar ist. im Sommer wärmen sich vollbelastete Solarzellen auf eine Arbeitstemperatur auf, bei der sie nie die Gelegenheit haben die in den Prospekten angegebene *maximale*

Ausgangsnennleistung (M_{pp}-Leistung) auch tatsächlich erzeugen zu können (siehe hierzu Kapitel 4).

Eine gute Lüftung der Solarmodule wirkt sich vor allem während der warmen Sommertage auf ihre Ausgangsleistung positiv aus. Da bei photovoltaischen Anlagen keine künstliche Lüftung (z. B. mit zusätzlichen Ventilatoren) verwendet wird, bleibt nur die Nutzung der natürlichen Kühlung, die bei Dachanlagen begrenzt ist. Am besten werden Solarmodule gekühlt, die nach Abb. 2.3a auf einem Dach mit wenig Neigung oder auf einem Flachdach montiert sind. Werden nach Abb. 2.3b die Modulreihen mit Lüftungs- und Montageabständen installiert, be-

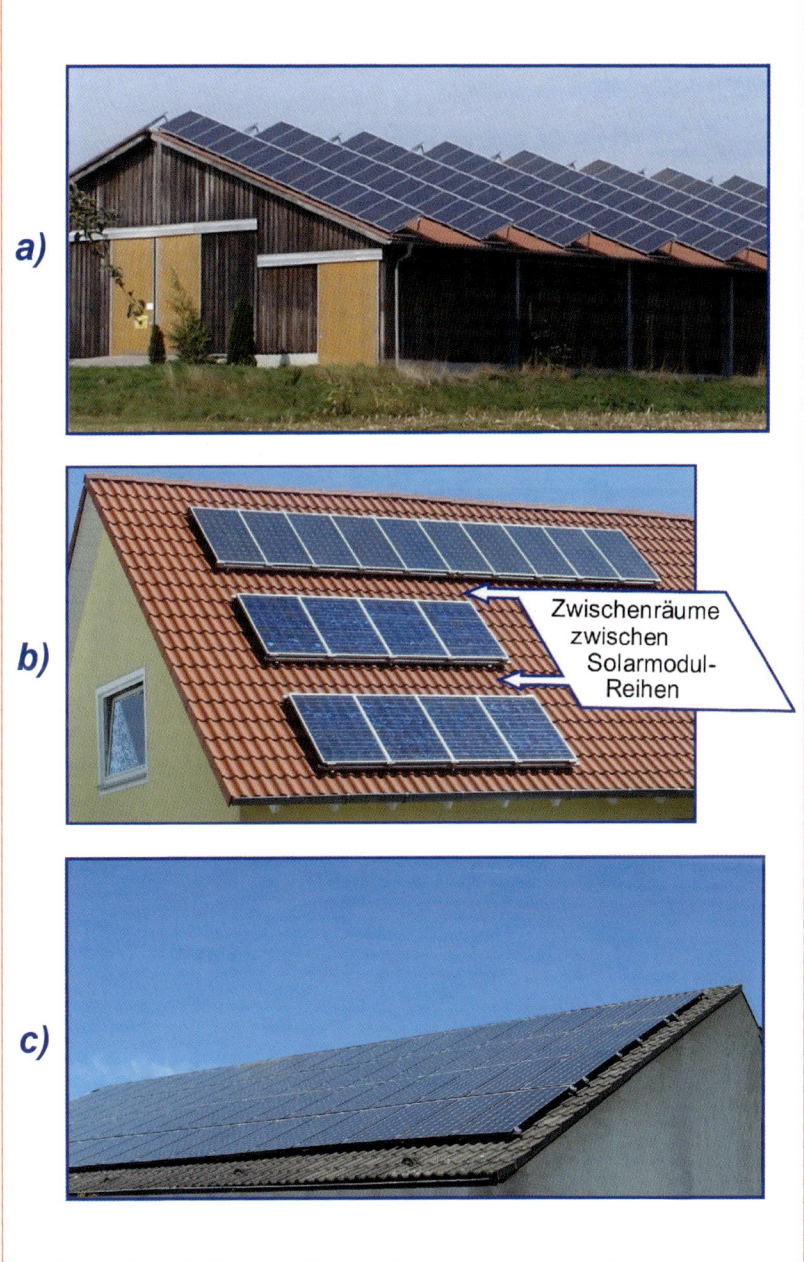

günstigt es die Lüftung (und Kühlung) der Module an heißen und windstillen Sommertagen. Grau ist alle Theorie, wenn am Dach zu wenig Platz ist: Dort werden die Solarmodule einfach zu einer kompakten Fläche nach Abb. 2.3c gestaltet. Hier entsteht jedoch auch bei angemessenem Abstand zur Dachhaut an heißen und windstillen Tagen unter den Modulen ein Wärmestau. Neben den drei in Abb. 2.3 aufgeführten Alternativen gibt es manchmal noch sogenannte Indach-Lösungen, bei denen die Module entweder einen direkten Bestandteil der Dachhaut bilden oder einfach vertieft im Dach (in einer „Wanne") integriert werden. Wird bei einer solchen Lösung das Dach unter den Modulen derartig wärmeisoliert, dass die Solarmodule an ihrer Rückseite gar nicht gelüftet werden, heizen sie

Abb. 2.3 – Für eine gute Kühlung der Solarmodule ist es wichtig, dass sie auch an ihrer Rückseite gut gekühlt werden: **a)** Beispiel einer Anordnung der Solarmodule auf einem Flachdach; **b)** ein Zwischenraum zwischen einzelnen Modulreihen verhindert, dass sich unter den Solarmodulen zu viel Wärme staut; **c)** bei großen Modulflächen sollte der Abstand zwischen ihrer Rückseite und der Dachhaut mindestens 10 cm betragen.

2 Oft vorkommende Fehlfunktionen der Photovoltaikanlagen

sich an heißen Tagen extrem auf und ihre solarelektrische Leistung sinkt kräftig. Wird jedoch ein solches System am Dach eines Carports oder einer Scheune verwendet, bei dem/der die Rückseite der Solarmodule „offen" (und zugänglich) bleibt, werden die Solarmodule gut bis sehr gut von unten gelüftet.

❸ Als „Wackelkontakt" wird ein Kontakt bezeichnet, der eine Verbindung nur sporadisch unterbricht. Es kann sich dabei um eine schlecht angelötete Verbindung (Lötfahne) zwischen zwei Solarzellen oder bei ihren Anschlüssen an die Ausgangsklemmen oder aber um eine zu locker zugedrehte Schraube einer Steckverbindung handeln. Ein Wackelkontakt an zugänglichen Modulanschlüssen oder an Kabel-Steckverbindungen der Module ist zwar manchmal schwer auffindbar, kann aber meist problemlos repariert werden. Ein Wackelkontakt in dem vergossenen oder verschlossenen Solarmodul ist dagegen irreparabel: Das Modul muss ausgewechselt werden.

❹ Hinter den Anschlussklemmen einiger Solarmodule wurden herstellerseitig Schutzdioden eingelötet, die einen vom Modul geladenen Akku gegen eine Entladung über das Solarmodul schützen. Diese Maßnahme ist jedoch nur bei Solaranlagen erforderlich, die netzunabhängig arbeiten und als Ladestromquellen eines Akkus verwendet werden. Bei netzgekoppelten Solaranlagen ist dieser Schutz nicht nur überflüssig, sondern unerwünscht, da in solchen Schutzdioden ein unnötiger Spannungsverlust von ca. 0,3 bis 0,8 Volt entsteht – je nach der Qualität der verwendeten Dioden. Zu diesem Zweck werden zwar in der Regel **Schottky-**

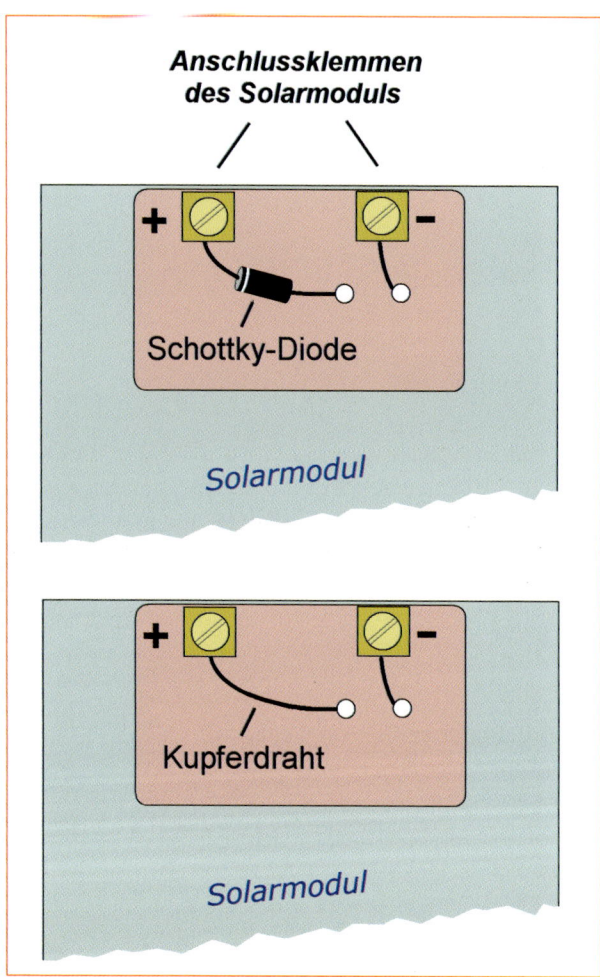

Abb. 2.4 – Schutzdioden, die bereits herstellerseitig in Solarmodulen vor den Anschlussklemmen angebracht wurden, sollten bei *netzgekoppelten* Solarmodulen herausgelötet und durch eine leitende Verbindung (Kupferdraht) ersetzt werden, um unnötige Leistungsverluste, die an diesen Dioden entstehen, zu verhindern.

2 Oft vorkommende Fehlfunktionen der Photovoltaikanlagen

Dioden genommen, in denen mit etwas Glück nur ein Spannungsverlust von nur ca. 0,3 Volt entsteht, aber dies trifft nicht automatisch auf alle Schottky-Dioden zu (an manchen entsteht „typenbezogen" ein Spannungsverlust von bis zu 0,8 Volt). Abgesehen davon summiert sich in einer längeren Modulkette (einem Modulstrang) auch ein Spannungsverlust von bescheidenen 0,3 Volt zu einem unnötig hohen Spannungs- und somit auch Leistungsverlust. Wenn es die Umstände erlauben, sollten diese Schutzdioden einfach aus den Solarmodulen nach Abb. 2.4 herausgelötet und jeweils durch ein Stückchen Kupferdraht oder Kupferlitze (aus einem alten Gerätekabel) ersetzt werden. Eine solche Maßnahme lässt sich relativ leicht allerdings nur bei Solarmodulen durchführen, die noch nicht montiert wurden oder die leicht zugänglich sind.

❺ Ein Wechselrichter kann auch niedrigere Solarleistungen nur dann ins öffentliche Netz einspeisen, wenn er so ausgelegt ist, dass er bereits bei einer niedrigen Solarspannung einschaltet (aktiv wird) und die bezogene Solarleistung ins öffentliche Netz einspeist. Daher muss entweder die Ausgangsnennspannung der Modulkette (des Solargenerators) an den Eingangs-

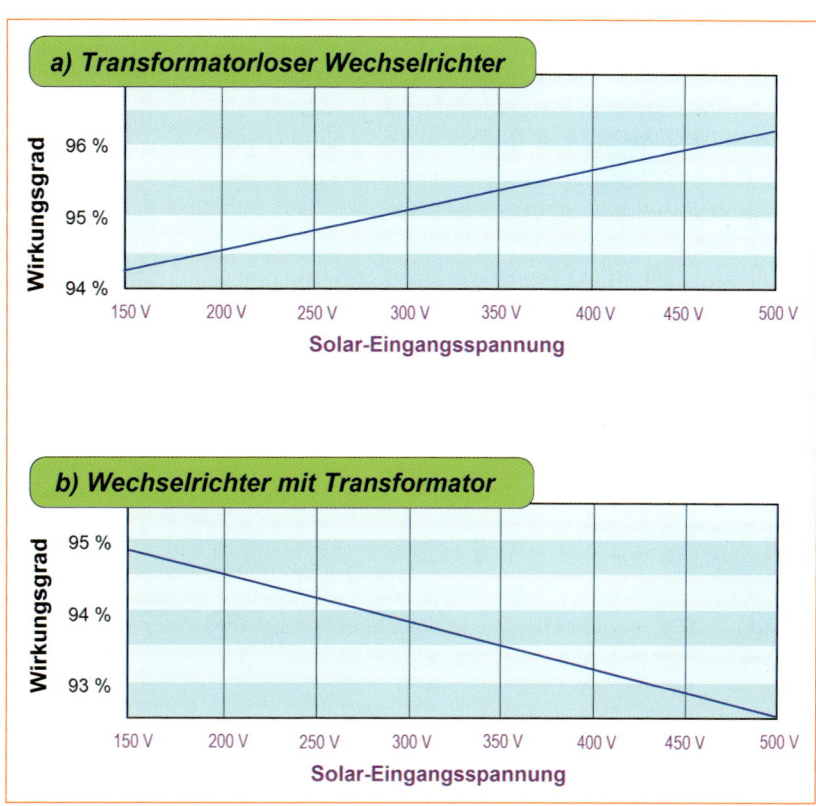

Abb. 2.5 – Zwei Beispiele der Abhängigkeit eines Wechselrichter-Wirkungsgrads von der Solar-Eingangsspannung: Transformatorlose Wechselrichter weisen im Allgemeinen einen höheren Wirkungsgrad auf als Wechselrichter mit Netztransformatoren (diese Grafiken stellen nur zwei Beispiele dar, die nicht automatisch für alle Wechselrichter gelten).

spannungsbereich des Wechselrichters möglichst optimal angepasst werden oder der Wechselrichter maßgeschneidert auf die Maximumspannung der Modulkette abgestimmt sein. Andernfalls geht laufend zu viel der in den Solar-

modulen erzeugten Solarenergie verloren.

❻ Wird im Prospekt eines Wechselrichters aufgeführt, dass dieser einen Wirkungsgrad von z. B. 95 % aufweist, heißt das keinesfalls, dass das Gerät diesen Wirkungsgrad in seinem gesamten Arbeitsbereich erzielt. Es handelt sich in der Regel nur um ein „Wirkungsgrad-Optimum", das oft allein in einem relativ schmalen Arbeitsbereichssegment (Leistungssegment) erzielt wird und mit der jeweiligen Höhe der Arbeitsspannung variiert. Je nachdem, wie der Wechselrichter konzipiert ist (Netzfrequenz-Trafo, Hochfrequenz-Trafo, Hochsetzsteller usw.), steigt oder sinkt sein Wirkungsgrad mit der Solarspannung, die ihm von den Solarmodulen zugeführt wird. In vollständigen technischen Unterlagen eines Wechselrichters wird die Abhängigkeit zwischen dem Wirkungsgrad und der ihm zugeführten Solarleistung nach dem Beispiel in Abb. 2.5a/b grafisch dargestellt (siehe zu diesem Thema auch Kapitel 8).

❼ Einige der moderneren Wechselrichter verfügen bereits über einen internen Lüfter, der sich bei Anstieg der Temperatur (bei sommerlicher Hitze) automatisch einschaltet und das Gerät innen kühlt. Bei manchen Wechselrichtern älterer Bauart fehlt jedoch ein solcher Lüfter. Das hat zur Folge, dass sich solche Wechselrichter an manchen Standorten zu sehr aufheizen und – wenn sie entsprechend mit einem Thermoschalter ausgelegt sind – vorübergehend abschalten, um nicht zerstört zu werden. So „streiken" solche Wechselrichter gerade an sonnigen, warmen Tagen, an denen sie besonders viel Solarenergie ins öffentliche Netz einspeisen könnten. Solche Wechselrichter können jedoch meist problemlos (und eigenhändig) mit einer zusätzlichen Lüftung versehen werden. Unter Umständen genügt es, wenn ein einfacher Tischventilator so neben dem Wechselrichter aufgestellt wird, dass er nach Abb. 2.6 Luft in Richtung der Lüftungslöcher des Geräts bläst.

❽ In längeren Verbindungskabeln können unnötig hohe Spannungs- und Leistungsverluste entstehen. Die

Abb. 2.6 – Oft kann schon ein einfacher Tisch- oder Einbauventilator einen mittelgroßen Wechselrichter von außen kühlen.

Höhe der Verluste hängt von der übertragenen Spannung und von dem Durchmesser (genau genommen vom ohmschen Widerstand) der Kupferleiter ab. Je größer der Leiterquerschnitt und je höher die übertragene Spannung sind, desto niedrigere Spannungs- und Leistungsverluste entstehen in der Leitung. Bei der Planung einer Photovoltaikanlage sollte zudem darauf geachtet werden, dass die Anordnung aller Komponenten kurze Kabelleitungen ermöglicht, die den Solargenerator mit dem Wechselrichter und den Wechselrichter mit dem Einspeise-Stromzähler verbinden. Zudem sollte der Einspeise-Stromzähler bevorzugt nahe am Wechselrichter installiert werden, denn Verluste, die in den Leitungen zwischen dem Stromzählerausgang und dem öffentlichen Netz entstehen, registriert der Einspeisezähler nicht. In Kapitel 10 finden Sie zu diesem Thema nähere Tipps.

3 Oft vorkommende Defekte an netzgekoppelten Photovoltaikanlagen

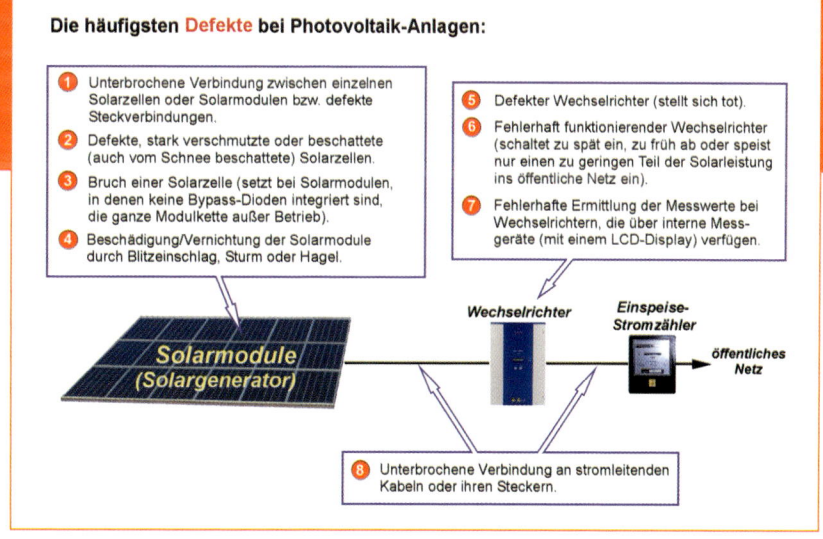

Abb. 3.1 – Am häufigsten vorkommende Defekte an kleineren netzgekoppelten Photovoltaikanlagen.

3 Oft vorkommende Defekte an netzgekoppelten Photovoltaikanlagen

Eine einfache Übersicht der am häufigsten vorkommenden Defekte an netzgekoppelten Photovoltaikanlagen zeigt Abb. 3.1.

❶ Bei den meisten Solarmodulen mit kristallinen Solarzellen werden die einzelnen Solarzellen mit kleinen dünnen Kupferlötfahnen nach Abb. 3.2 verbunden (verlötet). An manchen Solarzellen bringt bereits der Solarzellenhersteller die Lötfahnen (auf Wunsch des Abnehmers) an einer Seite der Zelle an – wie das Foto unten in der Abbildung 3.2 zeigt. Bei der Herstellung der Solarmodule werden dann die Lötfahnen nach Bedarf gekürzt und an die „Nachbarzellen" in Handarbeit angelötet. Kleinere Solarzellen sind meist nur mit einer Lötfahne, größere in der Regel mit zwei Lötfahnen versehen. Entsteht beim Anlöten der Lötfahne bei einer einzigen Verbindung der ganzen Zellenkette im Modul eine sogenannte *kalte Lötstelle*, ist eine solche Verbindung nicht ausreichend fest angelötet, sondern nur leicht „angeklebt". Sie kann dennoch den Endtest beim Hersteller erfolgreich bestehen und eventuell eine Weile sogar zufriedenstellend funktionieren – bis sie eines Tages durch interne Spannungen und Temperaturschwankungen ganz unterbrochen wird.

Abb. 3.3 zeigt die gängigste Anordnung der Solarzellen im Modul, die alle in Reihe verbunden sind und eine Kette bilden. Wenn eine solche Zellenkette über keine zusätzlichen Bypass-Dioden verfügt (Abb. 3.3a),

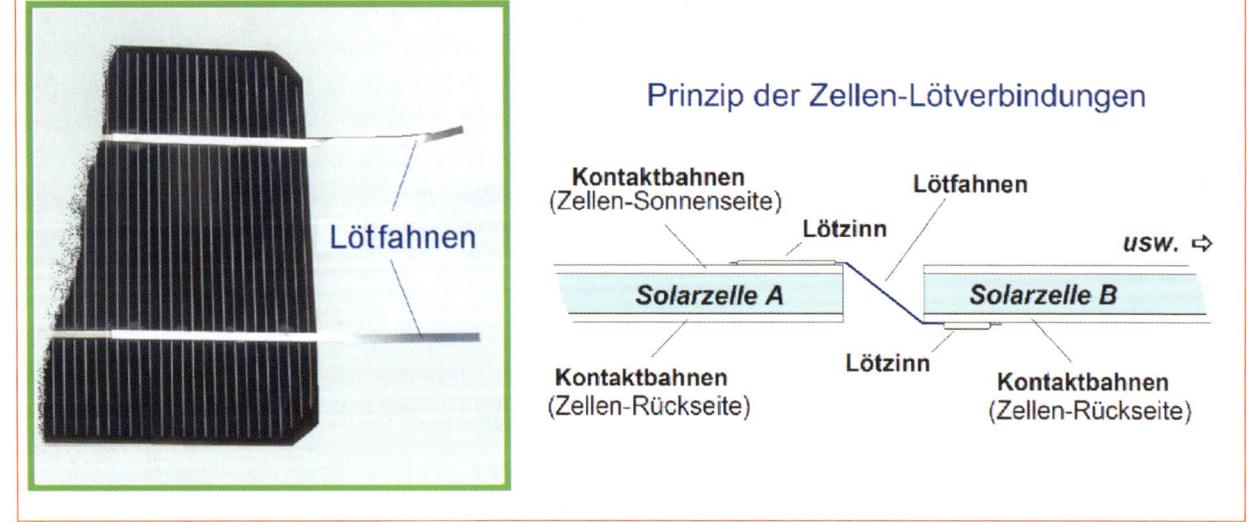

Abb. 3.2 – Die Solarzellen im Solarmodul werden meist mithilfe von Lötfahnen durch Löten verbunden.

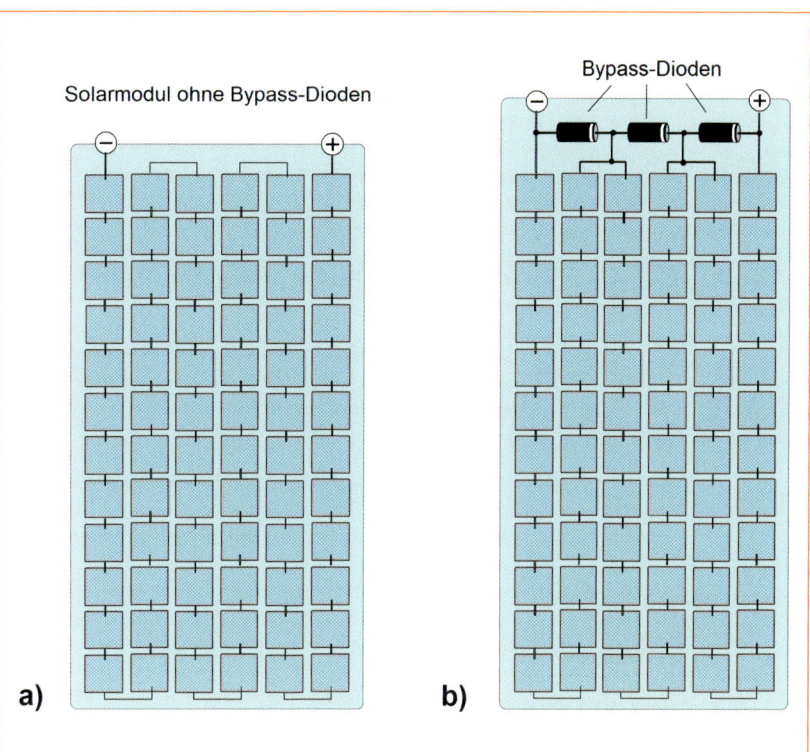

Abb. 3.3 – Beispiel der Solarzellenanordnung im Solarmodul: **a)** ohne Bypass-Dioden; **b)** mit Bypass-Dioden (vereinfacht dargestellt).

21

hat es zwar gewisse Nachteile, aber den Vorteil, dass man eine unterbrochene Verbindung sofort daran erkennt, dass der ganze Modulstrang außer Betrieb ist. So kann das Modul ausgewechselt oder kostensparend nur leitend überbrückt (kurzgeschlossen) und durch ein neues zusätzliches Modul ersetzt werden, das z. B. neben den bestehenden Modulen platziert wird.

Werden in einem Solarmodul die Zellensektionen mit Bypass-Dioden (meist nach Abb. 3.3b) überbrückt, ist es zwar generell einer besseren Funktion dienlich, hat aber den Nachteil, dass sich bei einer längeren Modulkette eine defekte Verbindung nicht von sich aus bemerkbar macht. Das liegt da-

ran, dass dann die „zuständige"-Bypass-Diode als Umleitung einspringt und die defekte Zellensektion (Zellenreihe) einfach überbrückt. Ein solcher Defekt hat zwar theoretisch einen niedrigeren Leistungsertrag des Solargenerators zur Folge, fällt aber bei der Kontrolle der Spannungs- und Leistungswerte nicht auf, da wetterbedingt

zuverlässige Vergleichsmöglichkeiten nicht gegeben sind. **Beispiel:** Die Ausgangspannung des Modulstrangs in Abb. 3.4b müsste rein rechnerisch 272 – 11,28 V = 260,72 V betragen. Da aber in der Bypass-Diode (je nach Dioden-Type) ein Spannungsverlust von ca. 0,8 Volt entsteht, wird die Ausgangsspannung auf 260 Volt abge-

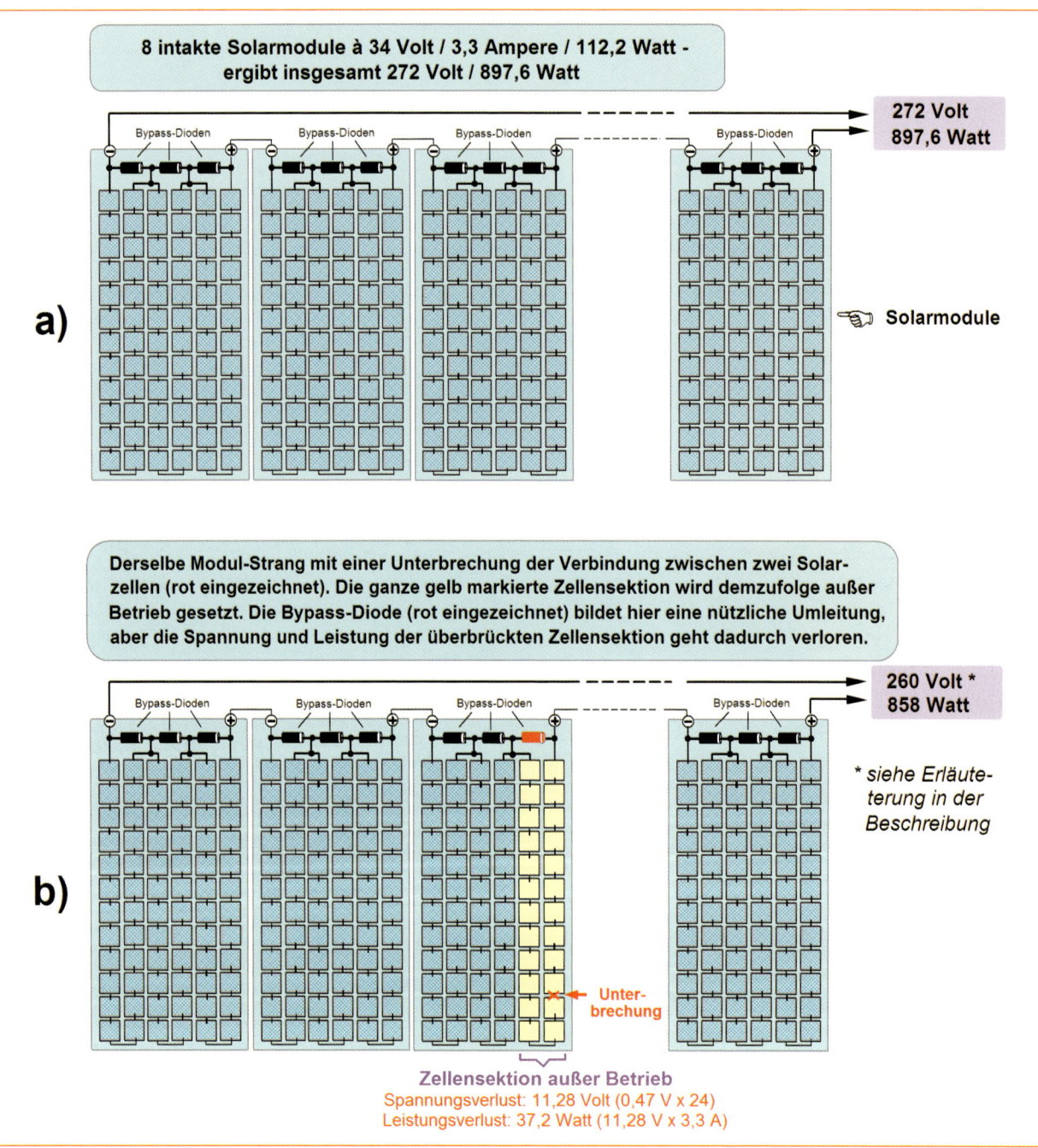

8 intakte Solarmodule à 34 Volt / 3,3 Ampere / 112,2 Watt - ergibt insgesamt 272 Volt / 897,6 Watt

Bypass-Dioden · Bypass-Dioden · Bypass-Dioden · Bypass-Dioden

272 Volt 897,6 Watt

a) ☞ **Solarmodule**

Derselbe Modul-Strang mit einer Unterbrechung der Verbindung zwischen zwei Solarzellen (rot eingezeichnet). Die ganze gelb markierte Zellensektion wird demzufolge außer Betrieb gesetzt. Die Bypass-Diode (rot eingezeichnet) bildet hier eine nützliche Umleitung, aber die Spannung und Leistung der überbrückten Zellensektion geht dadurch verloren.

Bypass-Dioden · Bypass-Dioden · Bypass-Dioden · Bypass-Dioden

260 Volt * 858 Watt

* siehe Erläuteterung in der Beschreibung

b)

Unterbrechung

Zellensektion außer Betrieb
Spannungsverlust: 11,28 Volt (0,47 V x 24)
Leistungsverlust: 37,2 Watt (11,28 V x 3,3 A)

Abb. 3.4 – Wenn eine Bypass-Diode im Fall einer defekten Zellenverbindung (oder bei einer Zellenbeschädigung bzw. Zellenbeschattung) die Funktion einer Umleitung übernimmt, sinken zwar Ausgangsspannung und Ausgangsleistung des Modulstrangs, aber es fällt nicht deutlich auf: **a)** Ausgangsleistung eines intakten Modulstrangs; **b)** die Ausgangsspannung und die Ausgangsleistung des Modulstrangs verringert sich um die Spannung und Leistung der defekten – und von der Bypass-Diode umgeleiteten – Zellensektion.

3   Oft vorkommende Defekte an netzgekoppelten Photovoltaikanlagen

rundet. Daraus resultiert auch die hier aufgeführte maximale Ausgangsleistung von nur 858 Watt, denn 260 V × 3,3 A = 858 W.

Eine unterbrochene Verbindung im vergossenen Teil des Solarmoduls kann nicht repariert werden. Defekte an zugänglichen Verbindungen (Kabelverbindungen) zwischen den Solarmodulen, zwischen Solargenerator und Wechselrichter oder zwischen Wechselrichter und Einspeisezähler sind dagegen leicht zu reparieren und oft auch leicht auffindbar.

❷ Eine stärker beschattete, verschmutzte oder defekte Solarzelle hat zur Folge, dass sie den durch sie durchfließenden Strom herabsetzt. Wird eine Solarzellenfläche unzureichend oder nur teilweise bestrahlt, verhält sie sich wie ein verstopftes Wasserrohr und wirkt stromdrosselnd für den Rest der ganzen Solarzellenkette. Die anderen intakten Solarzellen versuchen dennoch ihren Nennstrom durch diese „Verstopfung" durchzuleiten, wenn am Modulausgang oder am Ausgang des Modulstrangs eine entsprechende Belastung (der Wechselrichter) vorhanden ist.

Falls die betroffene Solarzelle derartig stark beschattet oder verschmutzt ist, dass ihr momentaner Kurzschlussstrom niedriger als der momentane Nennstrom der restlichen Solarzellen in der Kette ist, kann dies unter Umständen (bei intensiverer Sonneneinstrahlung) zur Folge haben, dass sich diese Solarzelle umpolt. Sie stellt somit der treibenden Spannung der restlichen Solarzellen ihre Sperrspannung entgegen. Bei diesem Vorgang heizt sich die Solarzelle überproportional auf und kann gegebenenfalls die Vergussmasse oder die Schutzfolie über sich derartig aufwärmen (anbraten), dass diese sich braun verfärbt und/oder Blasen bildet. Beides hat zur Folge, dass die Lichtdurchlässigkeit der Vergussmasse abnimmt, wodurch die betroffene Solarzelle auch noch diesem

zusätzlichen Handicap ausgesetzt ist. Wird das Solarmodul an einem warmen Sommertag von der Sonne voll bestrahlt, führt dies zu weiterem Aufwärmen der Solarzelle usw.

Hat sich die Zellenvergussmasse einmal verfärbt oder wurde sie auch noch durch zusätzliche Blasen lichtundurchlässiger, handelt es sich um einen irreparablen Schaden am ganzen Solarmodul: Die betroffene Solarzelle wird nie mehr ihren ursprünglichen vollen Nennstrom liefern oder den vollen Nennstrom der ganzen Solarzellenkette durchlassen können. Laut des bereits erläuterten Prinzips des schwächsten Glieds einer Kette wird diese Solarzelle die Obergrenze des Nennstroms des ganzen Modulstrangs bestimmen. Bypass-

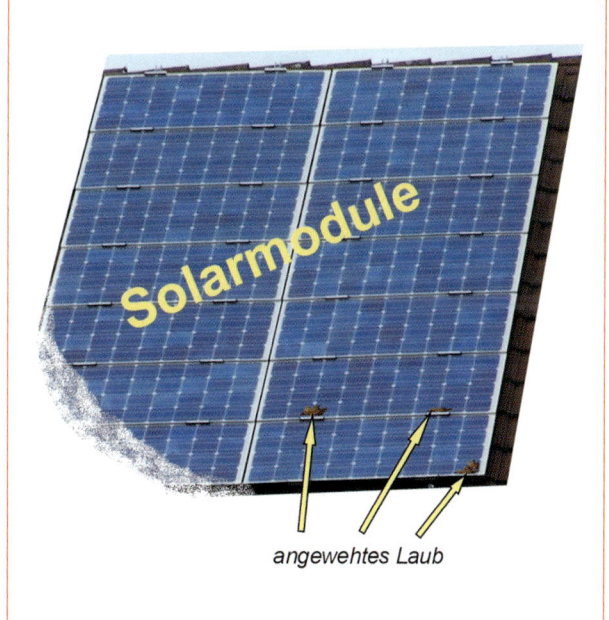

Abb. 3.5 – Angewehtes Laub oder starke Verschmutzung bilden eine Zellenbeschattung, die ein kräftiger Regen nicht immer beseitigen kann.

3   Oft vorkommende Defekte an netzgekoppelten Photovoltaikanlagen

Dioden bieten hier eine Abhilfe, die bereits im Zusammenhang mit dem vorhergehenden Thema erläutert wurde (siehe hierzu auch Kapitel 7.6).

❸ Die Folge eines Zellenbruchs manifestiert sich oft ähnlich wie die bereits in Teil 1 beschriebene Unterbrechung der Zellenverbindung. Auch in diesem Fall übernimmt die Bypass-Diode (falls vorhanden) die Umleitung nach dem Beispiel aus Abb. 3.4.

Die Solarzellen sind meist nur ca. 0,25 bis 0,3 mm dick und ähnlich brüchig wie dünnes Eis auf einer Pfütze. Sie sind zwar (nach Abb. 3.6) an beiden Seiten vollflächig mit einem Gitter versehen, aber das ist sehr dünn (nur ca. 0,015 mm) und bricht üblicherweise gleichzeitig mit der Zelle — womit zwischen den zwei Bruchteilen keine leitende Verbindung mehr besteht.

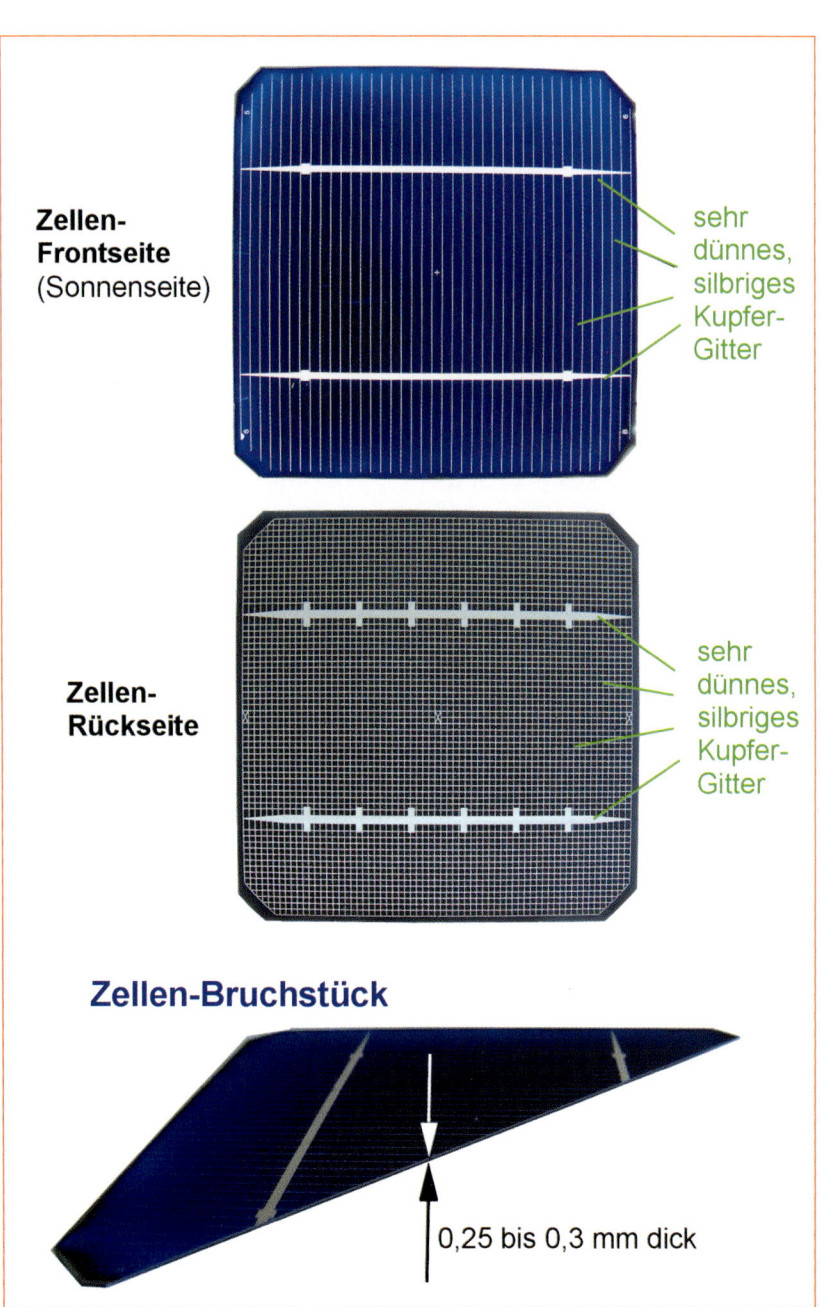

Zellen-Frontseite (Sonnenseite)

sehr dünnes, silbriges Kupfer-Gitter

Zellen-Rückseite

sehr dünnes, silbriges Kupfer-Gitter

Zellen-Bruchstück

0,25 bis 0,3 mm dick

Abb. 3.6 – Kristalline Solarzellen sind an beiden Seiten vollflächig mit einem leitenden Gitter (Raster) versehen, das die Elektroden (Anschlüsse) der Zelle bildet.

3   Oft vorkommende Defekte an netzgekoppelten Photovoltaikanlagen

Sind die Solarzellen im Modul jeweils mit zwei Lötfahnen nach Abb. 3.7 verbunden, hängt es von der Art der Bruchrichtung ab, ob das Solarmodul elektrisch intakt bleibt oder ob die Verbindung unterbrochen wird.

Manchmal kommt es vor, dass bei einer der Solarzellen durch interne Spannungen oder Transportschäden nur eine kleine Ecke abbricht. Eine solche Solarzelle verhält sich ähnlich wie eine leicht beschattete oder verschmutzte Zelle, die bereits in Teil 2 beschrieben wurde. Die Spannung und die Leistung dieser Zelle verringern sich einfach proportional um das fehlende Stück der Solarfläche, wie das Beispiel in Abb. 3.8 zeigt. Auch hier gilt für die ganze Zellenkette (wie auch für den ganzen Modulstrang) das Prinzip des schwächsten Kettenglieds: Der maximale Strom der Kette sinkt um die fehlenden 0,15 Ampere (auf 3,13 A). Nach der Formel

Leistung (in Watt) = **Spannung** (in Volt) × **Strom** (in Ampere)

sinkt dadurch in diesem Fall die maximal erzielbare Leistung des ganzen Modulstrangs theoretisch um ca. 4,54 %.

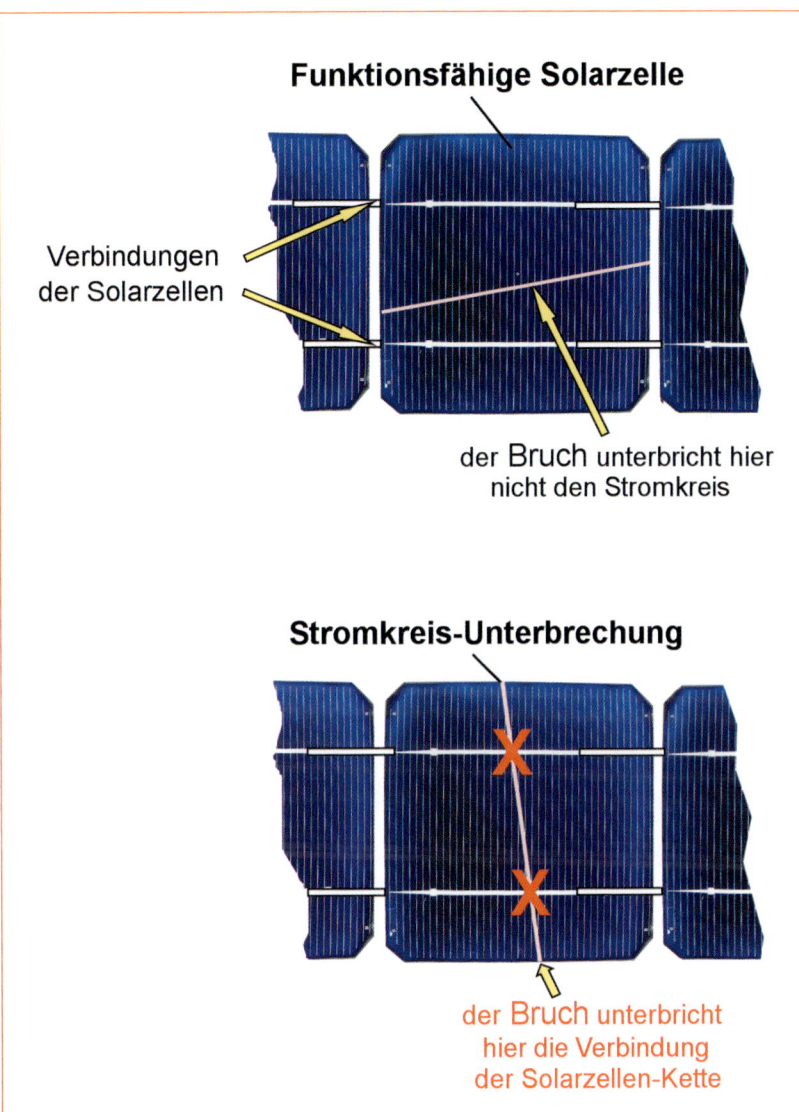

Abb. 3.7 – Ganze Solarzellen sind in der Regel mit mindestens zwei Lötfahnen (oder ähnlichen Verbindungen) versehen: Je nachdem, wie der Bruch in der Solarzelle verläuft, kann der ganze Stromkreis entweder intakt bleiben oder unterbrochen werden.

3   Oft vorkommende Defekte an netzgekoppelten Photovoltaikanlagen

❹ Gegen wetterbedingte Beschädigungen kann man sich meist kostengünstig versichern lassen. Manche Versicherungsgesellschaften versichern sogar auch solarelektrische (photovoltaische) und solarthermische Module automatisch gegen Schäden durch „Sturm und Hagel", was wesentlich kostensparender ist als eine zusätzliche (separate) Versicherung der Solaranlage.

❺ Wenn der Wechselrichter eindeutig defekt ist, muss er, wie jedes andere elektronische Gerät auch, entweder repariert oder erneuert werden. Ähnlich wie z. B. bei einem defekten Fernsehgerät stellt sich hier dann die Frage, ob es sich lohnt, das alte Gerät noch reparieren zu lassen oder es nicht günsti-

Es kommt mitunter vor, dass neue Solarmodule geliefert werden, bei denen die Gussmasse oder die im Modul eingegossene Zellenoberfläche durch Flecken unbekannter Art verschmutzt sind. Solche Flecken verkleinern zwar die aktive Fläche der Solarzelle, aber die Verringerung ihrer Leistung oder Spannung dürfte nicht so markant sein, dass dadurch die technischen Parameter des Solarmoduls den Rahmen der angegebenen Toleranz (von z. B. ± 3%) unterschritten werden.

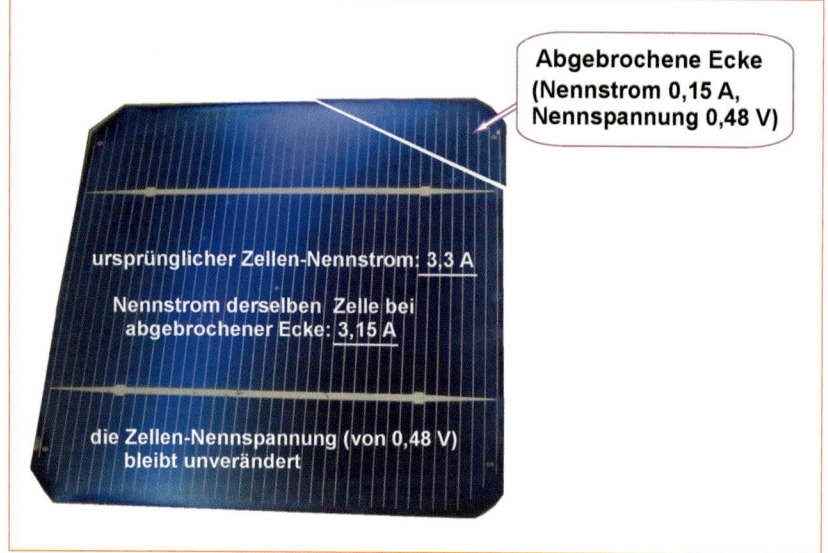

Abb. 3.8 – Eine Solarzelle mit abgebrochener Ecke drosselt die ganze energetische Ausbeute des Modulstrangs auf einen Wert, der sich proportional aus dem *Flächenverlust* ergibt.

Vier-Strang-Wechselrichter

Ausgang (zum Einspeisezähler)

4 Solarmodul-Strangs-Eingänge

Abb. 3.9 – Ist ein Wechselrichter mit mehreren Eingängen (für den Anschluss mehrerer Stränge) ausgelegt, kann bei Bedarf durch provisorische Auswechslung der Solaranschlüsse überprüft werden, ob es sich tatsächlich um einen Defekt im Wechselrichter und nicht z. B. in seiner Zuleitung handelt.

Achtung

Ein Solarmodul oder ein Modulstrang ist auch bei stark bewölktem Himmel nicht spannungsfrei. Seine Spannung kann zwar harmlos niedrig sein, solange er an den Wechselrichter angeschlossen ist, springt jedoch schnell nach oben, sobald er von dem Wechselrichter (auch nur einpolig) getrennt wird. Hier manifestiert sich das Phänomen der Leerlaufspannung: Ein Solarmodulstrang, der z. B. theoretisch für eine maximale Nennspannung von 250 Volt ausgelegt ist, kann nach der elektrischen Trennung vom Wechselrichter eine Leerlaufspannung von bis zu etwa 310 Volt haben – und das auch bei trübem Wetter. Sie können einer Verletzungsgefahr am einfachsten aus dem Weg gehen, indem Sie, wenn Ihre Solarmodule mit gut isolierten Steckverbindungen versehen sind, eine davon nach Abb. 3.10 vorsichtig herausziehen und somit die ganze Modulschleife unterbrechen. Erst danach können Sie am Wechselrichtereingang einen der Zuleitungspole von der Anschlussklemme trennen, um die Anschlüsse der Stränge umzuwechseln. Sollten die Verbindungskabel Ihrer Solarmodule nicht mittels Steckverbindungen, sondern nur durch Schraubklemmen verbunden sein, ist bei der Trennung dieser leitenden Verbindung erhöhte Vorsicht geboten oder die Erfahrung eines Elektrikers erforderlich. Risikolos wäre eine solche Arbeit nur bei völliger Dunkelheit. Auch Beleuchtung mit einer Taschen- oder einer kleineren Montagelampe ist ungefährlich. Die Leerlaufspannung der Solarmodule ist dann ausreichend niedrig.

3   Oft vorkommende Defekte an netzgekoppelten Photovoltaikanlagen

ger ist, ein neues Gerät zu installieren. Es gibt bei einigen Wechselrichtern produktspezifische Defekte, die den dafür zuständigen Servicetechnikern bekannt sind und bei denen die Reparaturkosten nach einer gut formulierten Beschreibung des Defekts (oder der Entstehung des Defekts) geschätzt werden können.

Falls Ihr Wechselrichter für mehrere Modulstränge (mehrere Eingänge) nach Abb. 3.9 ausgelegt ist, von denen z. B. nur einer (anscheinend) nicht funktioniert, können Sie durch experimentelle Umwechslung der Stränge austesten, ob es sich tatsächlich um einen Defekt im Wechselrichter handelt. Das Gleiche gilt für den Fall, dass Ihre Anlage über zwei gleiche Wechselrichter verfügt.

❻ In diesem Fall ist zu unterscheiden, ob es sich tatsächlich um einen fehlerhaft funktionierenden Wechselrichter handelt oder ob der Wechselrichter nicht von Anfang an unzulänglich auf die Nennspannung des Solargenerators abgestimmt wurde. Klarheit bringt es, wenn Sie die Ausgangsnennspannung Ihres Solargenerators oder seiner einzelnen Modulstränge anhand der technischen Unterlagen der Solarmodule ausrechnen und mit dem offiziellen Eingangsspan-

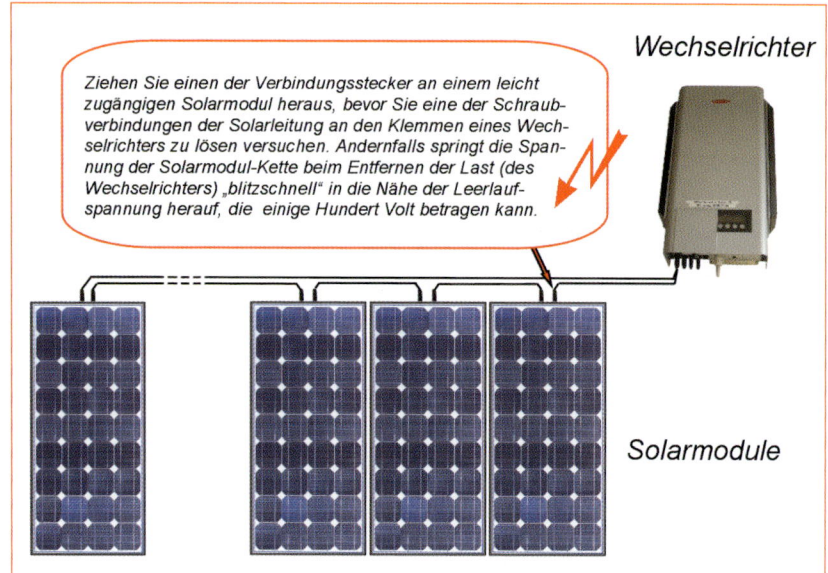

Ziehen Sie einen der Verbindungsstecker an einem leicht zugänglichen Solarmodul heraus, bevor Sie eine der Schraubverbindungen der Solarleitung an den Klemmen eines Wechselrichters zu lösen versuchen. Andernfalls springt die Spannung der Solarmodul-Kette beim Entfernen der Last (des Wechselrichters) „blitzschnell" in die Nähe der Leerlaufspannung herauf, die einige Hundert Volt betragen kann.

Wechselrichter

Solarmodule

Abb. 3.10 – Auch an geringfügig belichteten Solarmodulen steigt die Solarspannung nach der Trennung von der Belastung (Wechselrichter) annähend bis auf die Höhe der Leerlaufspannung: Eine Trennung der Verbindung zwischen zwei Solarmodulen durch Herausziehen einer der Verbindungsstecker unterbricht den Stromkreis und damit die Verbindung mit der *Last*.

Wenn Sie nur die Solarspannung messen möchten, können Sie es an laufender Solaranlage vornehmen, bei der eine Trennung des Solarkreislaufs (nach Abb. 3.10) nicht vorzunehmen ist. Nachdem Sie sich vergewissert haben, dass Ihr Multimeter über einen Gleichspannungs-Messbereich verfügt, der höher ist als die Solarnennspannung des gemessenen Modulstrangs, können Sie die Messung vornehmen. Dazu müssen Sie die Messstifte des Multimeters nach Abb. 3.11 kurz an die entsprechenden Eingangsklemmen des Wechselrichters anlegen. Die Messstifte des Multimeters sind ausreichend isoliert, wodurch keine Gefahr droht, dass Sie dabei einen elektrischen Schlag bekommen. Sie müssen allerdings darauf achten, dass Ihre Finger nicht in Berührung mit den Klemmen oder kahlen Leitern kommen.

3 Oft vorkommende Defekte an netzgekoppelten Photovoltaikanlagen

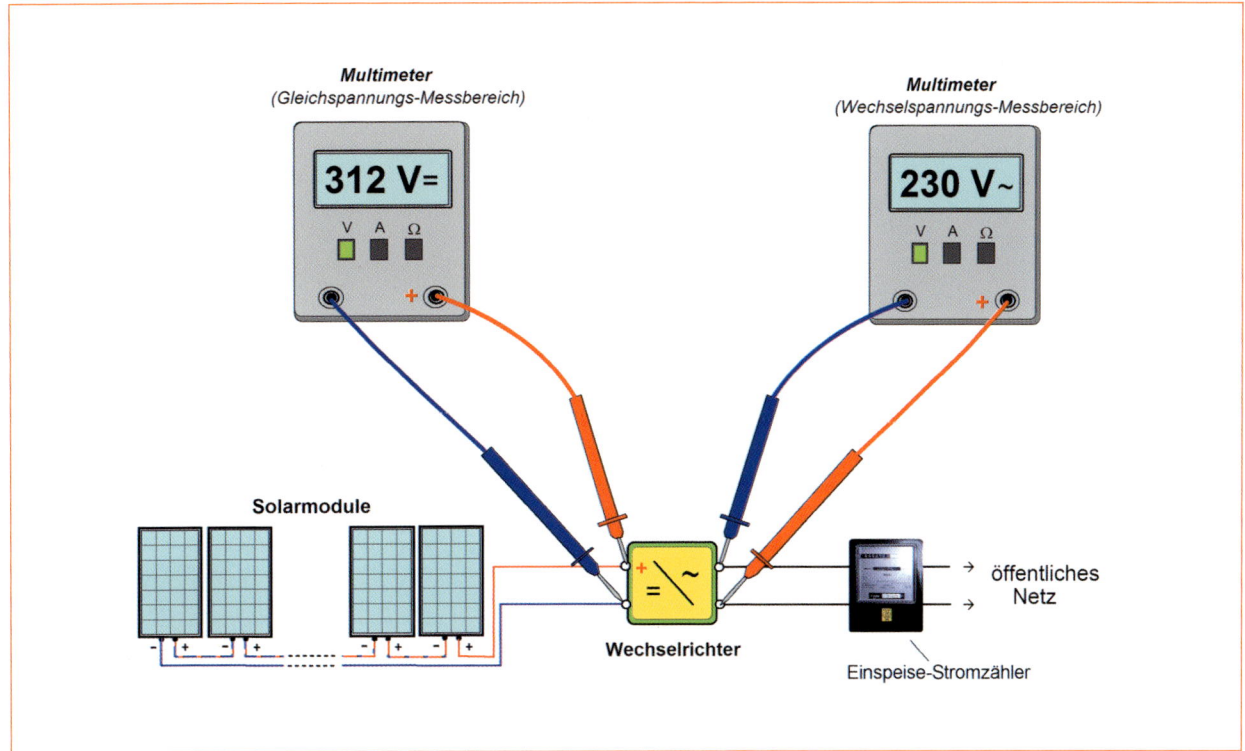

Multimeter
(Gleichspannungs-Messbereich)

312 V=

Multimeter
(Wechselspannungs-Messbereich)

230 V~

Solarmodule

Wechselrichter

öffentliches
Netz

Einspeise-Stromzähler

Abb. 3.11 – Eine Spannungsmessung am Wechselrichtereingang erfolgt ohne jegliche Eingriffe in das System, setzt aber Vorsicht und Erfahrung im Umgang mit elektrischem Strom voraus.

Möchten Sie den Solarstrom am Wechselrichtereingang messen, müssen Sie das Amperemeter (Multimeter, geschaltet auf einen ausreichend hohen Strommessbereich) in Reihe mit dem Leiter des Modul-Zuleitungspols nach Abb. 3.12 anschließen. Vergewissern Sie sich aber vorher, dass Ihr Multimeter für den erforderlichen Gleichstrom-Messbereich auch tatsächlich ausgelegt ist. Mit manchen Multimetern kann z. B. nur ein Gleichstrom von maximal 5 Ampere gemessen werden, was nur selten ausreicht. Für welchen maximalen Strom (Nennstrom) Ihr Modulstrang ausgelegt ist, können Sie den technischen Unterlagen Ihrer Solarmodule entnehmen. Vor der Strommessung müssen Sie allerdings den Solarstrom-Kreislauf nach Abb. 3.10 unterbrechen.

3 Oft vorkommende Defekte an netzgekoppelten Photovoltaikanlagen

nungsbereich des Wechselrichters vergleichen. Wie man das problemlos nachrechnen kann, erfahren Sie in Kapitel 9.

❼ Die meisten elektronischen Messgeräte weisen einen Messfehler von ca. 2 bis 5% auf. Wenn Ihnen die am

Display des Wechselrichters angegebenen Werte fraglich vorkommen, können Sie z. B. die Solarspannung und den Solarstrom am Wechselrichtereingang mithilfe eines guten Multimeters nach Abb. 3.11/3.12 überprüfen.

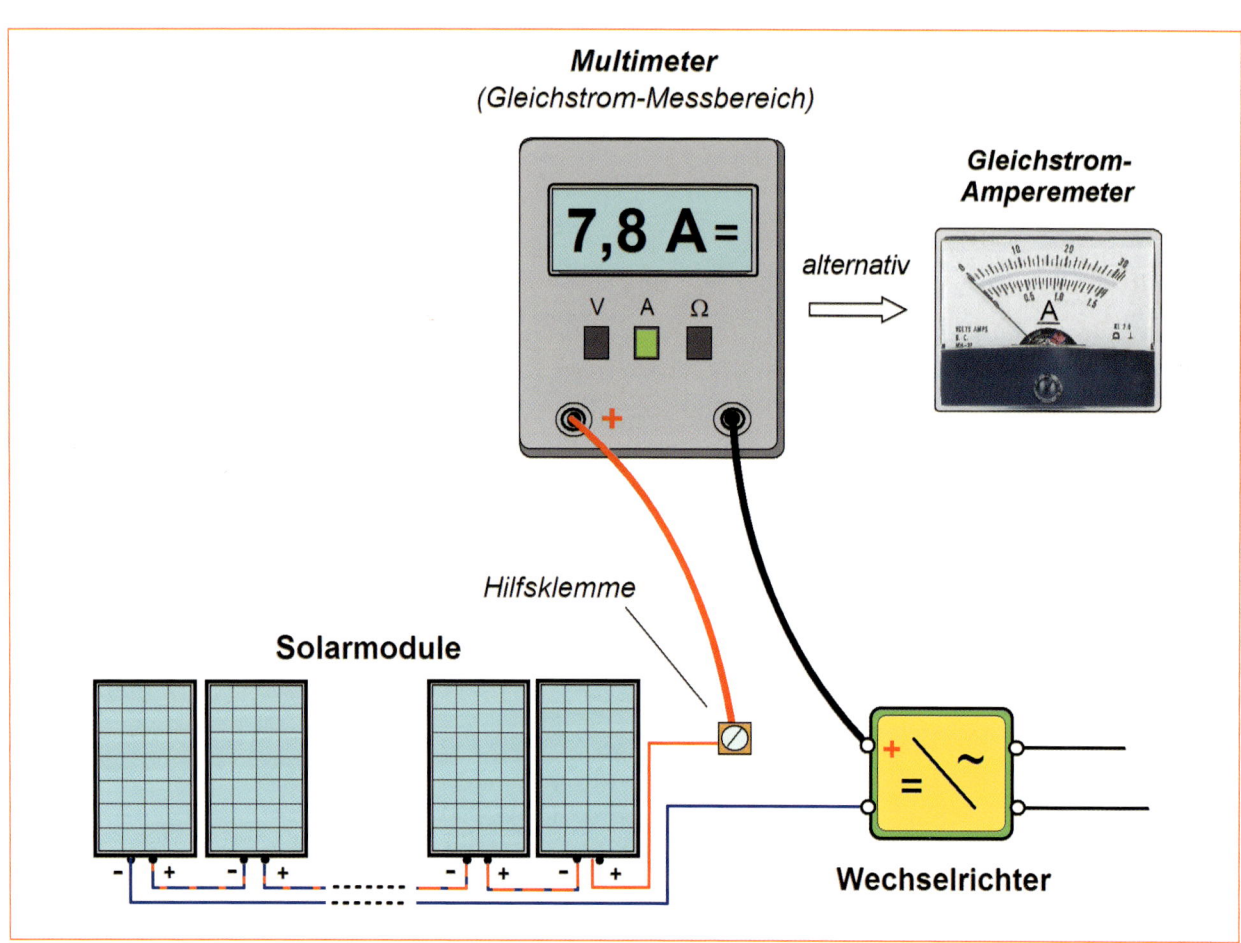

Abb. 3.12 – Messung des Solarstroms am Wechselrichtereingang.

4 Bewertungsvergleiche

Für den Ertrag einer netzgekoppelten Photovoltaikanlage sind bekanntlich vor allem drei wetterunabhängige Faktoren bestimmend:

a) die Qualität (der tatsächliche Wirkungsgrad und die Toleranz) der Solarmodule

b) die Qualität und Funktionsweise des Wechselrichters sowie seine elektrische Abstimmung auf die Solarmodule

c) die Größe und die Nennleistung der aktiven Solarzellenfläche

Diese drei Faktoren bestimmen allerdings nur den rein technischen Standard einer Photovoltaikanlage. Für den eigentlichen Ertrag sind zusätzlich noch die Wetter- und Temperaturbedingungen, die Kühlung und die optimale Ausrichtung der Solarmodule zur Sonne bestimmend.

   Wenig bekannt, aber wichtig zu wissen: Solarzellen mögen keine Wärme. Da sich in der Praxis eine voll belastete Solarzelle stark aufwärmt, sinken dadurch ihre tatsächliche Spannung und Leistung. Auch bei einem guten Solarmodul sinkt die tatsächliche Ausgangsleistung in der Praxis bei voller Belastung an einem wärme-

ren sonnigen Tag um mehr als 1/3 gegenüber seinen theoretischen technischen Daten. Bei hoher Außentemperatur und Windstille kann der Leistungsrückgang sogar die Schwelle von 45 % überschreiten. Auch an einem kühlen, aber sonnigen Tag heizen sich die Solarzellen intern auf eine Betriebstemperatur auf, die immerhin einen Rückgang der Ausgangsleitung um ca. 15 bis 25 % zur Folge hat.

   Die in den Herstellerprospekten angegebenen technischen Daten der Solarmodule wie Nennleistung (Leistung bei max. Leistung) und Nennspannung (Spannung bei max. Leistung) beziehen sich nur auf

Einfluss der Zellen-Erwärmung auf den Leistungs- und Spannungsrückgang von Solarmodulen

Zellentemperatur:	Leistungsrückgang: *	Spannungsrückgang: *
25 °C	0 %	0 %
40 °C	ca. 13,7 %	ca. 4,9 %
45 °C	ca. 18,3 %	ca. 6,6 %
50 °C	ca. 22,9 %	ca. 8,25 %
55 °C	ca. 27,3 %	ca. 9,9 %
60 °C	ca. 32,0 %	ca. 11,6 %
65 °C	ca. 36,4 %	ca. 13,2 %
70 °C	ca. 41,1 %	ca. 14,9 %
75 °C	ca. 45,7 %	ca. 16,5 %

Meist vorkommende (wetterabhängige) Innentemperatur der Solarzellen bei voller Belastung

* gegenüber den offiziellen Modul-Nenndaten und nur bei voller Belastung

Die hier aufgeführten Angaben sind nur als typenabhängige Durchschnitts-Richtwerte zu betrachten.

Tabelle 1 – Abhängigkeit des Leistungsrückgangs eines Solarmoduls (Solargenerators) von der Erwärmung seiner Solarzellen bei voller Belastung. Wenig bekannt, aber leider wahr: Solarzellen und Solarmodule mögen keine Wärme.

hypothetische Maximumwerte, die in der Praxis bei normalen Photovoltaikanlagen überhaupt nicht erzielbar sind. Diese theoretischen Parameter stellen also bei allen Solarmodulen quasi nur „Fantasiedaten" dar, da sich belastete Solarzellen und Solarmodule bei einem normalen Betrieb auf eine Arbeitstemperatur aufwärmen, die den energetischen Ertrag dezimiert. Welchen konkreten Einfluss das auf den Leistungsrückgang eines Solarmoduls sowie auf die Leistung einer ganzen Photovoltaikanlage hat, zeigt Tabelle 1.

Die technischen Daten der Solarmodule, die in den Datenblättern und Prospekten der Solarmodule aufgeführt sind, beruhen dennoch auf offiziell anerkannten Testbedingungen, die ursprünglich als *internationale Testbedingungen* von folgenden Voraussetzungen ausgegangen sind:

Sonneneinstrahlung (Solarstrahlung) E = 1.000 Watt/m²
Spektralverteilung AM = 1,5
Zellentemperatur Tc = 25° C

Einfach erklärt sind die Vorbedingungen *Sonneneinstrahlung E* und die *Spektralverteilung AM* erfüllt, wenn an einem sonnigen Tag die Sonne die Solarzelle mit voller Intensität (mit hoher Dichte der Photonen) und exakt senkrecht bestrahlt (= wenn das Solarmodul optimal gegen die Sonne ausgerichtet ist).

Als neuere Alternative der internationalen Testbedingungen setzen sich zunehmend die *NOCT-Testbedingungen* durch, auf denen die offiziellen Daten einiger Hersteller beruhen. Bei diesen Testbedingungen wird von einer Nennbetriebstemperatur (eng. Normal Operating Cell Temperature) einer Solarzelle ausgegangen, die sich bei einer Sonneneinstrahlung (Solarstrahlung) von 800 Watt/m², einer Spektralverteilung von AM 1,5 und einer Windgeschwindigkeit von einem Meter pro Sekunde bei einer Umgebungstemperatur von 20° C

einstellt. In beiden Fällen handelt es sich eigentlich um Testbedingungen, die auf unrealistischen Vorbedingungen beruhen. Man könnte es mit der Angabe des Spritverbrauchs eines Autos vergleichen, mit dem man nur bergab fährt und lediglich das Bremspedal betätigt.

Eine kritische und selten angesprochene Schwierigkeit weist bei allen kristallinen Solarzellen die *Zellentemperatur* auf. Man geht hier bei den technischen Daten in beiden Fällen von einer viel zu niedrigen Zellentemperatur aus, die bei belasteten Solarzellen (und Solarmodulen) in der Praxis nicht erzielbar ist. Eine voll belastete Solarzelle heizt sich nämlich sehr schnell auf eine Temperatur auf, die unter Umständen weit über von +60° C liegt. Je nach der Einbettung der Solarzellen im Solarmodul, der Lüftung und der Umgebungstemperatur steigt die Zellentemperatur eines von der Sonne aufgeheizten Solarmoduls an einem heißen Sommertag leicht auf über +65° C auf.

Diese Tatsache haben wir in unseren Tabellen und Ertragsberechnungen, die Sie in diesem Buch finden, angemessen berücksichtigt. Dadurch weichen unsere Be-

Fazit

Ein Solarmodul, das normal montiert ist, kommt während seiner Existenz gar nicht in die Situation, die tabellarische *Nennleistung* und *Nennspannung* jemals länger als nur einige Minuten aufzubringen. Da es paradoxerweise an sonnigen Sommertagen zu heiß ist, heizen sich dadurch die Solarmodule sehr schnell auf. Die Ausgangsleistung und die Ausgangsspannung des Solarmoduls werden dadurch schwer in Mitleidenschaft gezogen. Tab. 1 zeigt, in welchem Umfang sich die Innentemperatur der Silizium-Solarzellen auf die tatsächlich erzielbare Nennleistung und Nennspannung der Solarmodule auswirkt.

4   Bewertungsvergleiche

rechnungen der Erträge von der reinen Umrechnung der theoretischen Modulnennleistung auf den tatsächlich erzielbaren Anlagenertrag auffallend ab.

Die Erwärmung der Solarzellen – und die damit verbundene tatsächlich erzielbare Ausgangsleitung der Photovoltaikanlage – hängt jedoch von mehreren Faktoren ab:

- von der Art der Einbettung der Solarzellen in den Modulen sowie der Abdeckung der Modulrückseite, die fähig sein sollte, die von den Solarzellen erzeugte Wärme an die umgebende Luft abzugeben
- von der Art der Montage der Dachmodule auf dem Dach oder von dem Lüftungszwischenraum, der zwischen den Modulen und der Dachhaut vorhanden ist. Dabei müssten bereits im Planungsstadium die standortbezogene Haupt-Windrichtung sowie auch der Zugang der Luftströmung zu den Modulen berücksichtigt werden. Solarmodule auf dem Dach eines freistehenden Hauses werden wesentlich besser gekühlt als auf einem Dach, das z. B. in einer dicht bebauten Siedlung von anderen Gebäuden umringt ist. Eine bessere Kühlung wird bei Dachmodulen durch einen größeren Zwischenraum zwischen ihrer Rückseite und der Dachhaut erzielt. Mit der Größe des Zwischenraums steigt jedoch die Gefahr, dass ein kräftiger Sturm die Solarmodule abreißt und wegweht.

Hypothetisch wäre es eigentlich angemessen, die Solarmodule an ihrer Rückseite mit ähnlichen Kühlkörpern oder Kühlrippen zu versehen, wie sie z. B. bei Leistungstransistoren der Endverstärker oder bei Leistungsdioden und integrierten Spannungsreglern üblich sind. Eine solche Maßnahme wäre zwar technisch korrekt, würde die Solarmodule aber verteuern und ihre Montage komplizieren.

Die in Tab. 1 angegebenen Leistungs- und Spannungsrückgänge der Solarzellen beziehen sich nur auf den Leistungsrückgang als solchen. Beträgt die theoretische Nennleistung eines Solarmoduls z. B. 100 Watt und handelt es sich dabei um ein Modul, dessen Toleranz mit ±10 % angegeben ist, kann es in Wirklichkeit nur eine tatsächliche Nennleistung von 90 Watt haben. Der **temperaturbezogene Leistungsrückgang** aus Tab. 1 bezieht sich dann auf die 90 Watt und nicht auf die 100 Watt des Solarmoduls.

Das Gleiche gilt auch für komplexe Photovoltaikanlagen. Zudem ist auch die Tatsache zu berücksichtigen, dass ein Solarmodul, dessen Solarzellen sich z. B. auf eine Arbeitstemperatur von „nur" 40 °C erwärmen, kaum eine volle Leistung an den Wechselrichter liefert (weil die Sonne zu schwach strahlt). Ist das Solarmodul also optimal bestrahlt, müsste es seine maximale Spannung und Leistung erzeugen und sich dabei quasi automatisch auf eine höhere Temperatur als auf die angesprochenen 40 °C erwärmen. Auf welche Temperatur konkret? Das hängt vor allem von der Umgebungstemperatur und der Kühlung der Module ab, die wiederum von der Aufstellung der Module und den jeweiligen Windverhältnissen abhängen. Im Grunde besteht das Dilemma bei der photovoltaischen Energieumwandlung darin, dass die Solarzellen zwar kräftige Sonnenstrahlen brauchen, nicht aber die damit verbundene Wärme bzw. Hitze.

Von Solarmodulen einer netzgekoppelten Photovoltaikanlage wird erwartet, dass sie unter optimalen Bedingungen (bei intensivem Sonnenschein) ohne Pause ihre maximale Leistung liefern. Für Kühlung wird meist nur gesorgt, indem man zwischen den Solarmodulen und der Dachhaut einen Zwischenraum lässt, um einen vorprogrammierten Wärmestau zu vermeiden. Optimale Kühlung wird nur im Rahmen des praktisch Machbaren berücksichtigt, denn eine speziellere Kühlung wäre,

z. B. auf einem aufgeheizten Hausdach, technisch schwer realisierbar und kostspielig.

Für die Beurteilung der intakten Funktion einer Photovoltaikanlage sind folgende Grundparameter wichtig:

a) Die theoretische **Nennleistung** (Leistung bei max. Belastung) **der Solarmodule**
b) Die theoretische **Nennspannung der Solarmodule**
c) Die vom Hersteller angegebene **Toleranz der Module in %**
d) **Arbeitsbereich und Wirkungsgrad des Wechselrichters**

Es wäre auch wichtig zu wissen, welche Innentemperatur die Solarzellen in den Modulen während der Ermittlung der Anlagenfunktion gerade haben. Das ist für einen privaten Betreiber allerdings messtechnisch schwer realisierbar. Daher haben wir in den Tab. 2 bis 5 jeweils zwei Spalten mit Richtwerten der Ausgangsleis-

Optimale Leistung einer netzgekoppelten Photovoltaik-Anlage, die am Einspeisezähler in "kWh pro Stunde" ermittelt werden sollte	
Beispiel A:	Toleranz der Solarmodule ± 2 % Wechselrichter-Wirkungsgrad 97 %
theoretische Nennleistung der Module	ins Netz eingespeiste Energie pro Stunde *
1000 W(p) ⇨	ca. 665 bis 761 Wh
1100 W(p) ⇨	ca. 732 bis 837 Wh
1200 W(p) ⇨	ca. 798 bis 913 Wh
1300 W(p) ⇨	ca. 865 bis 989 Wh
1400 W(p) ⇨	ca. 931 bis 1065 Wh
1500 W(p) ⇨	ca. 998 bis 1141 Wh
1600 W(p) ⇨	ca. 1065 bis 1218 Wh
1700 W(p) ⇨	ca. 1131 bis 1294 Wh
1800 W(p) ⇨	ca. 1198 bis 1370 Wh
1900 W(p) ⇨	ca. 1264 bis 1446 Wh
2000 W(p) ⇨	ca. 1331 bis 1521 Wh
pro weitere 100 Watt: + ca. 66,5 bis 76,1 Wh	

* die niedrigeren Richtwerte gelten jeweils für sonnige, heiße und windstille Tage, die höheren Richtwerte gelten für sonnige, aber nicht allzu heiße Tage.

Tab. 2 – Optimale Leistung einer Photovoltaikanlage, die Solarmodule mit einer Toleranz von ±2 % und einen Wechselrichter mit einem Wirkungsgrad von 97 % verwendet.

Optimale Leistung einer netzgekoppelten Photovoltaik-Anlage, die am Einspeisezähler in "kWh pro Stunde" ermittelt werden sollte

Beispiel B: Toleranz der Solarmodule ± 3 %
Wechselrichter-Wirkungsgrad 97 %

theoretische Nennleistung der Module	ins Netz eingespeiste Energie pro Stunde *
1000 W(p) ⇒	ca. 659 bis 753 Wh
1100 W(p) ⇒	ca. 725 bis 828 Wh
1200 W(p) ⇒	ca. 791 bis 904 Wh
1300 W(p) ⇒	ca. 857 bis 979 Wh
1400 W(p) ⇒	ca. 923 bis 1054 Wh
1500 W(p) ⇒	ca. 988 bis 1129 Wh
1600 W(p) ⇒	ca. 1054 bis 1205 Wh
1700 W(p) ⇒	ca. 1120 bis 1280 Wh
1800 W(p) ⇒	ca. 1186 bis 1355 Wh
1900 W(p) ⇒	ca. 1252 bis 1431 Wh
2000 W(p) ⇒	ca. 1318 bis 1506 Wh
pro weitere 100 Watt:	+ ca. 65,9 bis 75,3 Wh

* die niedrigeren Richtwerte gelten jeweils für sonnige, heiße und windstille Tage, die höheren Richtwerte gelten für sonnige, aber nicht allzu heiße Tage.

Tab. 3 – Optimale Leistung einer Photovoltaikanlage, die Solarmodule mit einer Toleranz von ±3 % und einen Wechselrichter mit einem Wirkungsgrad von 97 % verwendet.

Optimale Leistung einer netzgekoppelten Photovoltaik-Anlage, die am Einspeisezähler in "kWh pro Stunde" ermittelt werden sollte

Beispiel C: Toleranz der Solarmodule ± 5 %
Wechselrichter-Wirkungsgrad 96 %

theoretische Nennleistung der Module	ins Netz eingespeiste Energie pro Stunde *
1000 W(p) ⇒	ca. 638 bis 730 Wh
1100 W(p) ⇒	ca. 702 bis 803 Wh
1200 W(p) ⇒	ca. 766 bis 876 Wh
1300 W(p) ⇒	ca. 830 bis 949 Wh
1400 W(p) ⇒	ca. 893 bis 1022 Wh
1500 W(p) ⇒	ca. 957 bis 1095 Wh
1600 W(p) ⇒	ca. 1021 bis 1168 Wh
1700 W(p) ⇒	ca. 1085 bis 1241 Wh
1800 W(p) ⇒	ca. 1149 bis 1314 Wh
1900 W(p) ⇒	ca. 1213 bis 1387 Wh
2000 W(p) ⇒	ca. 1276 bis 1460 Wh
pro weitere 100 Watt:	+ ca. 63,8 bis 73 Wh

* die niedrigeren Richtwerte gelten jeweils für sonnige, heiße und windstille Tage, die höheren Richtwerte gelten für sonnige, aber nicht allzu heiße Tage.

Tab. 4 – Optimale Leistung einer Photovoltaikanlage, die Solarmodule mit einer Toleranz von ±5 % und einen Wechselrichter mit einem Wirkungsgrad von 96 % verwendet.

Optimale Leistung einer netzgekoppelten Photovoltaik-Anlage, die am Einspeisezähler in "kWh pro Stunde" ermittelt werden sollte	

Beispiel D: Toleranz der Solarmodule ± 10 % Wechselrichter-Wirkungsgrad 96 %

theoretische Nennleistung der Module	ins Netz eingespeiste Energie pro Stunde *
1000 W(p) ⇒	ca. 605 bis 691 Wh
1100 W(p) ⇒	ca. 665 bis 760 Wh
1200 W(p) ⇒	ca. 726 bis 829 Wh
1300 W(p) ⇒	ca. 786 bis 898 Wh
1400 W(p) ⇒	ca. 847 bis 968 Wh
1500 W(p) ⇒	ca. 907 bis 1037 Wh
1600 W(p) ⇒	ca. 968 bis 1106 Wh
1700 W(p) ⇒	ca. 1028 bis 1175 Wh
1800 W(p) ⇒	ca. 1089 bis 1244 Wh
1900 W(p) ⇒	ca. 1149 bis 1313 Wh
2000 W(p) ⇒	ca. 1210 bis 1382 Wh
pro weitere 100 Watt:	+ ca. 60,5 bis 69,1 Wh

* die niedrigeren Richtwerte gelten jeweils für sonnige, heiße und windstille Tage, die höheren Richtwerte gelten für sonnige, aber nicht allzu heiße Tage.

Tab. 5 – Optimale Leistung einer Photovoltaikanlage, die Solarmodule mit einer Toleranz von ±10 % und einen Wechselrichter mit einem Wirkungsgrad von 96 % verwendet.

tungen aufgeführt: Die Spalte links („von") gilt jeweils für einen heißen Sommertag, an dem Windstille herrscht, die Spalte rechts („bis") gilt für einen sonnigen, aber kühleren Sommertag, an dem es leicht windig ist.

Es handelt sich hier nur um Richtwerte, die von vielen flexiblen Faktoren abhängen. Die Intensität der Sonnenbestrahlung, die Umgebungstemperatur, die Belüftung der Solarmodule durch eine Brise usw. stellen keine zuverlässigen Konstanten dar, sondern können nur ungefähr geschätzt werden.

Beachten Sie ferner:
a) Die Spannung und die Leistung der Solarzellen sinken mit der zunehmenden Erwärmung linear.
b) Der Solarzellenstrom sinkt nicht, sondern steigt sogar mit der Zellenerwärmung – allerdings nur derart geringfügig, dass es für die Praxis nicht von Bedeutung ist.

Wenn Sie über die Funktionsweise und Eigenheiten Ihrer Photovoltaikanlage bereits im Bilde sind, können Sie sich mithilfe von Tabelle 6 vergewissern, ob Ihre Anlage optimal funktioniert oder welche ihrer Teile den Ertrag Ihrer Anlage durch unzureichende Funktion unnötig verringern. Falls Sie mit der Funktionsweise Ihrer Photovoltaikanlage noch nicht angemessen vertraut sind, überspringen Sie vorerst die nun folgende Tabelle, um sich erst in den weiteren Kapiteln Grundwissen über die Problematik zu verschaffen. Die Zeit, die Sie dafür aufbringen, ist eine wichtige Investition in Ihre Photovoltaikanlage. Gutes Grundwissen über Ihre Anlage kann Ihnen viel Zeit, Ärger und Geld sparen. Es wird Ihnen helfen, gelegentlich auftretenden Problemen zu begegnen. Wenn Sie dennoch fremde Hilfe benötigen, haben Sie Überblick, denn Sie werden mit den Zusammenhängen der einzelnen Anlagenkomponenten vertraut sein.

Mithilfe von Tab. 6 können Sie nun überprüfen, ob Ihre Photovoltaikanlage perfekt funktioniert oder nicht:

Frage	Antwort
❶ Funktioniert meine Anlage optimal und speist sie einen angemessenen energetischen Ertrag ins öffentliche Netz ein?	Suchen Sie sich aus den Tabellen 2 bis 5 die Tabelle aus, bei der die Toleranz der Solarmodule auf Ihre Module zutrifft. Suchen Sie sich danach die Zeile mit der Modulleistung aus, die mit der Nennleistung Ihrer Anlage (Ihrer Solarmodule) übereinstimmt. Ist die Nennleistung Ihrer Anlage keine „runde Zahl", die in einer der Zeilen aufgeführt ist, behelfen Sie sich mit einer Schätzung oder Umrechnung. Beispiel: Ihre Solarmodule haben laut Datenblatt eine Toleranz von ±5 % und eine Nennleistung von 1.650 W(p). In Hinsicht auf die Toleranz trifft hier Tabelle 4 zu. Dort gibt es zwar keine Rubrik für 1.650-Watt-, wohl aber für 1.600-Watt-Nennleistung. Da in der untersten Zeile die Leistung für je 100 Watt zusätzlich aufgeführt ist, können Sie die zwei angegebenen Werte halbieren, um sie auf 50 Watt zu reduzieren. Der Ertrag müsste bei 1.600 W(p) ca. 1.021 bis 1.186 Wh und für die zusätzlichen 50 W(p) noch ca. 32 bis 36,5 Wh betragen. Das wären also ca. 1.053 Wh (1.021+32 Wh) bis 1.225 (1.186 + 36,5 Wh). Die 1.053 oder 1.225 Wh zeigt – je nach der Stärke des Sonnenscheins – laut der Tabelle Ihr Einspeisezähler als ins öffentliche Netz eingespeiste Leistung während einer Mittagsstunde an (siehe hierzu auch die Erläuterung der Ertragskontrolle bei den Tabellen). Ist der Wirkungsgrad Ihres Wechselrichters z. B. um 2 % niedriger als in der Tabelle vorgesehen, müssen Sie die vorhergehenden Werte jeweils mit 0,98 multiplizieren, um den erzielbaren Ertrag Ihrer Anlage zu korrigieren. Der würde somit auf 1.032 oder 1.200 Wh sinken. Zeigt nun der Einspeisezähler einen etwas höheren Ertrag an, als wir theoretisch vorgesehen haben, weist es z. B. darauf hin, dass die tatsächliche Toleranz Ihrer Module nicht ausgesprochen bei -5 %, sondern z. B. nur bei -3 % liegt. Es kann auch sein, dass die Sonnenstrahlen während der Messung etwas kräftiger waren als angenommen und z. B. 1.200 Watt/m² anstelle der theoretisch vorgesehenen 1.000 Watt/m² aufgebracht haben. Zeigt der Einspeisezähler Werte an, die niedriger sind, als laut der zuständigen Tabelle und der erläuterten Berechnungen angemessen wäre, stimmt an der Funktion der Anlage etwas nicht. Es lohnt sich allerdings, mehrere Kontrollmessungen (an einem sonnigem Tag um die Mittagszeit) vorzunehmen, um Messfehler auszuschließen. Bestätigen solche Kontrollmessungen den Verdacht, dass die Anlage nicht optimal funktioniert, muss überprüft werden, ob dies nun durch die Solarmodule oder durch den Wechselrichter verursacht wird.

Tab. 6 – Fragen und Antworten zu der intakten Funktion einer Photovoltaikanlage.

Frage	Antwort
❷ Funktionieren die Solarmodule meiner Anlage optimal?	Gut funktionierende Solarmodule müssen an einem sonnigen Tag um die Mittagszeit eine Leistung erbringen, die – abhängig von ihrer Toleranz in % – in der passenden Tabelle 2 bis 5 aufgeführt ist. Der Vorgang und der Aspekt der Wetterbedingungen wurden bereits im Zusammenhang mit den Daten in diesen Tabellen erklärt. Falls Ihre Anlage oder Ihr Wechselrichter die ihm zugeführte **Solarleistung** nicht anzeigt, kann sie nur als **Spannung** (V) × **Strom** (A) ermittelt werden. Ist der verwendete Wechselrichter für die Messung dieser beiden Eingangswerte oder über diese Art der Kommunikationsfähigkeit mit einem Zusatzgerät nicht ausgelegt, können zusätzliche preiswerte Messgeräte (Voltmeter, Amperemeter oder ein normaler Multimeter) am Eingang des Wechselrichters diese Werte anzeigen (siehe auch „Hinweise zu Punkt 2a", S. 41). Erreichen die miteinander in Serie verschalteten Solarmodule nicht die in der passenden Tabelle (2 bis 5) aufgeführten Werte, dürfen sie zwar bei einem preiswerteren Messgerät um bis zu 5 % niedriger sein und als Messfehler toleriert werden, aber eine weitere Unterschreitung dieses Werts weist auf eine mangelhafte Funktion hin. Werden derart unzureichende Messwerte an einer neu installierten Anlage vorgenommen, können sie auf defekte oder ungetestete Module hinweisen (siehe hierzu auch Kapitel 7.6 „Bypass-Dioden ..."). Eine schnelle Reklamation ist in dem Fall empfehlenswert. Bei Modulen, die nicht mehr unter Garantie fallen, ist natürlich eine Suche nach dem schwachen oder defektem Modul unumgänglich (siehe hierzu „Hinweise zu 2b", S. 42).
❸ Funktioniert der Wechselrichter meiner Anlage optimal?	Sofern der Wechselrichter nicht selbst die Solareingangsleistung (z. B. auf seinem Display) anzeigt, kann sie, ähnlich wie bei der vorhergehenden Kontrolle der Module, durch die Messung der Solarspannung und des Solarstroms ermittelt werden. Die ermittelte Leistung am Wechselrichtereingang kann dann mit der vom Einspeisezähler eingespeisten Leistung während einer exakt kontrollierten Zeitspanne (von z. B. 10 Minuten) verglichen werden. Die ins öffentliche Netz eingespeiste Leistung dürfte bei einem Wechselrichter, dessen Wirkungsgrad z. B. mit 96 % angegeben wird, um ca. 4 % niedriger sein als die ermittelte Solarleistung (Solarstrom × Solarspannung) am Wechselrichtereingang (siehe hierzu „Hinweise zu 3", S. 46).

39

Tab. 6 (Fortsetzung) – Fragen und Antworten zu der intakten Funktion einer Photovoltaikanlage.

4   Bewertungsvergleiche

Frage	Antwort
❹ Welche Fehlfunktionen oder Störungen kommen bei Photovoltaikanlagen am häufigsten vor ?	Die häufigsten Fehlfunktionen bestehen darin, dass der Wechselrichter den erzeugten Solarstrom zu spät an das öffentliche Netz durchschaltet (einspeist) und zu früh abschaltet. Somit geht ein unnötig großer Teil der erzeugten Solarenergie verloren. Eine solche Fehlfunktion des Wechselrichters kann mehrere Ursachen haben: **a)** Der PV-Spannungsbereich (Eingangsspannungsbereich) des Wechselrichters ist auf die Nennspannung der Solarmodule nicht richtig abgestimmt (falls es bei den Ein- und Ausschaltvorgängen dieses Problem von Anfang an gab. Siehe hierzu „Hinweise zu 4a", S. 48). **b)** Durch einen Defekt, der eventuell erst nach einem längeren Betrieb aufgetreten ist, funktioniert der Wechselrichter nicht mehr optimal und müsste repariert werden (siehe hierzu „Hinweise zu 4b", S. 49). **c)** Einige Wechselrichter schalten bei zu großer Hitze die Photovoltaikanlage vom Netz ab, wodurch gerade dann die Solarenergie nicht genutzt wird, wenn die Sonnenspenden am ergiebigsten sind. Durch diese Maßnahme schützt der Wechselrichter sich selbst vor Beschädigung durch zu hohe Temperatur. Ein gut konzipierter Wechselrichter dürfte ein so ungewöhnliches Verhalten höchstens dann aufweisen, wenn er z. B. an einem schlecht gelüfteten Standort installiert wurde, an dem es während sommerlicher Hitze extrem heiß wird. Als günstige Abhilfe bietet sich hier eine einfache Kühlung durch einen Ventilator an (siehe hierzu „Hinweise zu 4c", S. 49). **d)** Durch angewehtes Laub, Schnee oder durch angesammelten Schmutz wird eine der Solarzellen teilweise beschattet und verringert dadurch den Ertrag der ganzen Modulkette (siehe hierzu auch Kapitel 3 und „Hinweise zu 4d", S. 50). **e)** Es kommt gelegentlich vor, dass einige der schlecht angelöteten Verbindungen (Fahnen) zwischen den Solarzellen in einem der Module irgendwann zu kalten Lötstellen werden und so die elektrische Verbindung der ganzen Solarzellenkette unterbrechen. Wenn in den Solarmodulen herstellerseitig keine Bypass-Dioden integriert wurden, stellt sich der ganze Solargenerator tot. Falls Bypass-Dioden vorhanden sind, leiten sie zwar den Strom der anderen Zellensektionen um diese defekte Sektion um, aber die „ausrangierte" Zellensektion ist somit außer Betrieb und ihr Leistungs- und Spannungsbeitrag gehen dadurch verloren (siehe hierzu auch Hinweise zu 4e", S. 51). **f)** Die zuvor beschriebenen kalten Lötstellen, können durch temperaturabhängige Spannungen längere Zeit erst auch nur vorübergehend auftreten und damit so lange unentdeckt bleiben, bis der Kontakt endgültig (womöglich erst nach dem Ablauf der Garantiedauer) unterbrochen wird. Ein solcher „Wackelkontakt" manifestiert sich durch abrupte Spannungs- und Leistungssprünge, die sowohl am Wechselrichtereingang als auch am Einspeisezähler beobachtet werden können (siehe hierzu „Hinweise zu 4f", S. 54). **g)** Schlecht sitzende Steck- und Schraubverbindungen zwischen einzelnen Solarmodulen verursachen entweder vorübergehende oder auch dauerhafte Ausfälle der ganzen Solarstromversorgung. Macht sich eine solche „totale" Unterbrechung bei Solarmodulen bemerkbar, in denen Bypass-Dioden integriert sind, weist sie deutlich darauf hin, dass es sich nicht um Defekte in den Modulen selbst, sondern nur bei den Anschlüssen handelt (siehe hierzu „Hinweise zu 4g", S. 56").

Tab. 6 (Fortsetzung) – Fragen und Antworten zu der intakten Funktion einer Photovoltaikanlage.

Hinweise zu Tab. 6

❷a: Für eine zweckmäßige Kontrolle der Funktion einer Photovoltaikanlage ist es erforderlich, dass am Ausgang des Solargenerators (der Solarmodulkette) jederzeit ersichtlich ist, wie hoch der jeweilige Solarstrom und die jeweilige Solarspannung sind, die dem Wechselrichter zugeführt werden. Was davon der Wechselrichter tatsächlich ins öffentliche Netz einspeist, zeigt der Einspeise-Stromzähler am Ausgang des Wechselrichters an.

Was bei manchen älteren Wechselrichtern fehlt, ist eine Anzeige des jeweiligen Stroms und der jeweiligen Spannung, die der Solargenerator erzeugt. Um dies zu erreichen, installiert man nachträg-

lich am Eingang des Wechselrichters ein Ampere- und ein Voltmeter nach Abb. 4.1. Optimal wäre es, eingangsseitig neben der Solarspannung und des Solarstroms auch die Solarleistung (in Watt) mit einem Gleichstrom-Wattmeter direkt zu messen, aber das würde das Projekt komplizieren und verteuern. Da ist es einfacher, wenn bei Bedarf die Solarspannung und der Solarstrom miteinander multipliziert werden, denn Spannung (in Volt) multipliziert mit Strom (in Ampere) ergibt die Leistung (in Watt).

1.386 Watt sind natürlich nur eine Momentaufnahme, aber wenn eine solche Ermittlung bei konstantem Wetter stattfindet und die Solarleistung eine Stunde lang rela-

Beispiel

Das Voltmeter zeigt eine Spannung von 330 Volt, das Amperemeter einen Strom von 4,2 Ampere an. Die Leistung beträgt also: 330 Volt × 4,2 Ampere = 1.386 Watt

tiv unverändert bleibt, beträgt der energetische Ertrag der Anlage „vor Wechselrichter" 1,386 kWh (Kilowattstunden).

Wird der Wirkungsgrad des Wechselrichters mit 96 % angegeben, müsste während dieser einen Stunde der Einspeisezähler die 96 % der solarelektrischen Leistung von den ausgerechneten 1,386 kWh in das elektrische Netz

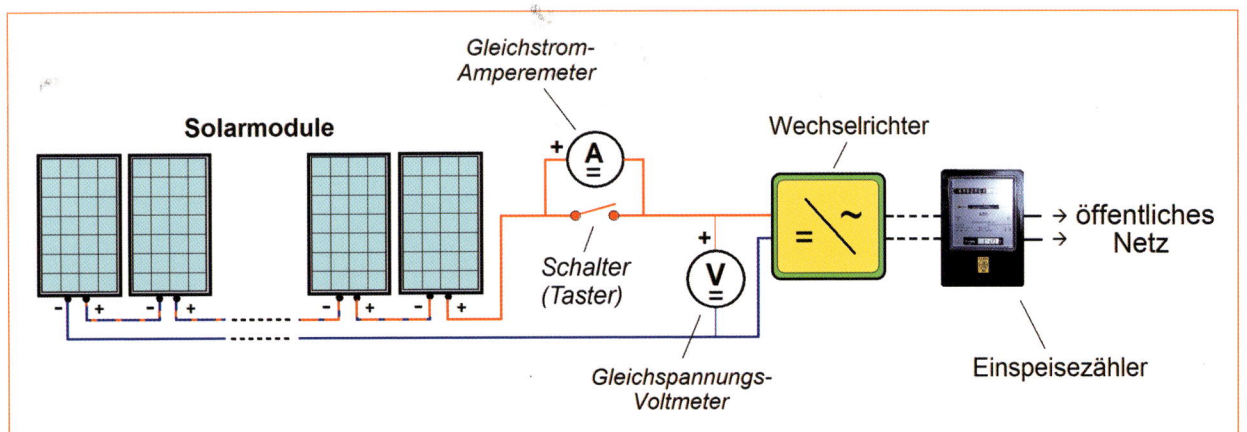

Abb. 4.1 – Anordnungsbeispiel eines Voltmeters und eines Amperemeters am Wechselrichtereingang: Da im Amperemeter ein gewisser Leistungsverlust entsteht, ist es von Vorteil, wenn dieser mit einem Schalter (oder Taster) überbrückt wird, den man nur während der Strommessung ausschaltet.

einspeisen. Das wären demzufolge theoretisch ca. 1.330 kWh, denn 1386 kWh × 0,96 = 1.330,56 kWh.

Da jedoch in der Praxis die Spannungs- und Strommessung mit preiswerten Messinstrumenten vorgenommen wird, deren Messfehler bei ca. 3 % liegen, muss man bei diesen Kontrollmessungen eine gewisse Ungenauigkeit (von bis etwa 5 %) in Kauf nehmen. Mit ausgeliehenen Labor-Messinstrumenten können Sie feststellen, wie groß die Messfehler Ihrer Messinstrumente exakt sind.

❷b: Messungen an einzelnen Solarmodulen lassen sich nur dann problemlos durchführen, wenn sie einzeln auch gut zugänglich sind – wie z. B. bei einer Anordnung nach Abb. 4.2 oder 4.3. Bilden jedoch die Solarmodule größere kompakte Flächen, sind nur die Module (ihre Anschlussklemmen) der oberen Reihe zugänglich. Alle anderen Solarmodule müssen für Einzelmessungen einzeln demontiert werden – es sei denn, es handelt sich um Solarmodule, deren Anschlüsse z. B. an einem Carport von unten erreichbar sind. Ansonsten kann ein solches Vorhaben mit einem enormen Zeit- und Kostenaufwand verbunden sein. Daher lohnt es sich, wenn z. B. in Eigenleistung sorgfältig geprüft wird, ob solche Einzelmessungen

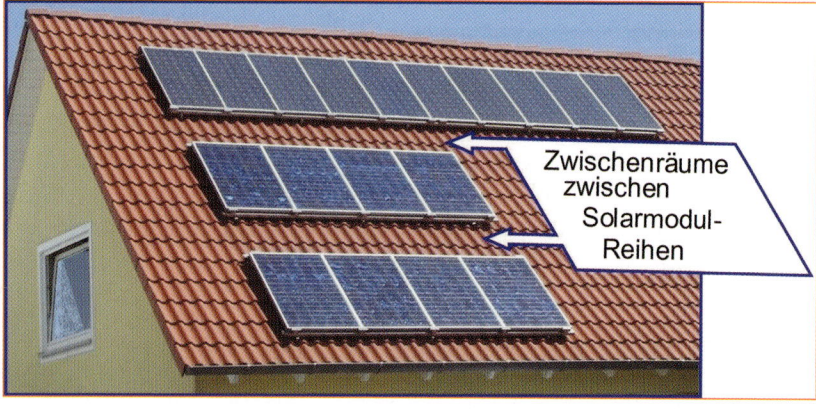

Abb. 4.2 – Wenn es das Projekt erlaubt, kann es für die Wartung der Solarmodule von Vorteil sein, sie auf einem Hausdach so anzuordnen, dass zwischen einzelnen Modulreihen Zwischenräume gehalten werden.

Zwischenräume zwischen Solarmodul-Reihen

Abb. 4.3 – Bei schräg aufgestellten Solarmodulen sind ihre Anschlüsse jederzeit leicht zugänglich, was die Wartung sehr vereinfacht.

wirklich erforderlich sind und ob der Defekt nicht doch woanders liegt.

Bei steileren Dächern sollte man solche Messungen wegen erhöhter Unfallgefahr grundsätzlich Fachleuten überlassen, die für solche Arbeiten technisch ausgestattet sind. Erfahrung mit Elektroarbeiten ist bei solchen Aufgabenbewältigungen selbstverständlich eine Vorbedingung. Als Laie können Sie dennoch Ihren Teil der Vorarbeit dadurch leisten, dass Sie anhand von Kontrollmessungen am Wechselrichtereingang die angesprochenen Fehlfunktionen ermitteln und nach Möglichkeit lokalisieren. Sind Ihre Solarmodule so installiert, dass Sie an ihnen die Spannung und Leistung messen können, kann die Vorgehensweise dem Ziel solcher Messungen untergeordnet werden.

Geht es beispielsweise nur darum, ein defektes Solarmodul möglichst schnell zu finden, können Sie nach und nach die Ausgangsspannung von einzelnen belasteten Solarmodulen nach Abb. 4.4 kontrollieren. Als Messgerät eignet sich zu diesem Zweck am besten ein einfaches (und preiswertes) Multimeter, denn es kommt hier nicht auf Messgenauigkeit an. Da in den Solarmodulen meist nur zwei oder drei Bypass-Dioden

integriert sind, sinkt bei einem defekten Solarmodul seine Ausgangsspannung oft mindestens um ein Drittel (wie Abb. 4.4 zeigt) gegenüber einem intakten Modul – und das fällt auf. Kleinere Spannungsabweichungen (wie eingezeichnet) werden bei den Modulen durch die Herstellungsstreuung verursacht und dürfen in Kauf genommen werden.

Mithilfe einer Kontrolle der Modulausgangsspannung können zwar die meisten der vorkommenden Defekte ermittelt werden, aber die Ausgangsspannung eines Moduls, bei dem z. B. nur eine der Solarzellen eine abgebrochene Ecke hat, kann unter Umständen

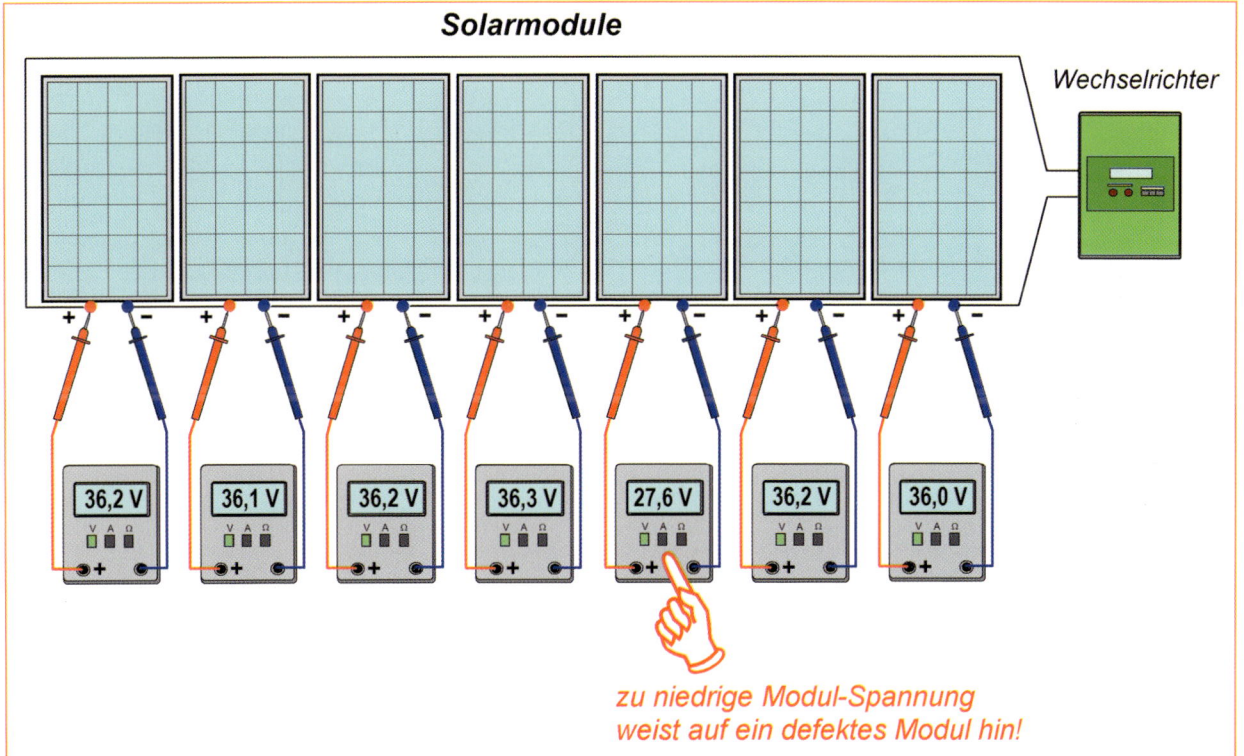

Abb. 4.4 – Kontrolle der Ausgangsspannungen einzelner Solarmodule: Eine defekte oder beschädigte Solarzelle hat zur Folge, dass die Spannung ihres Moduls auffallend niedriger ist als die der anderen Module.

Abb. 4.5 – Vor dem Durchmessen einzelner Solarmodule, die miteinander verschaltet und an den Wechselrichter angeschlossen sind, muss die elektrische Verbindung der Modulkette mit dem Wechselrichter zumindest einseitig unterbrochen werden.

unauffällig hoch bleiben. In solchen Fällen drosselt zwar die beschädigte (oder auch nur beschattete) Solarzelle den Solarstrom der ganzen Modulkette ab, aber sofern es sich nur um eine geringfügigere Verringerung des Stroms handelt, schließt die dafür zuständige Bypass-Diode im Modul nicht die ganze Sektion kurz. Näheres zu diesem Thema finden Sie in Kapitel 7.6.

Falls alles darauf hinweist, dass mit den Solarmodulen etwas nicht stimmt, aber die Kontrolle der Modulspannung „ohne Befund" verlief, dann kann z. B. eine Messung des Kurzschlussstroms einzelner Module (nach Abb. 4.4) Klarheit verschaffen.

Möchten Sie die individuellen Kurzschlussströme einzelner Solarmodule überprüfen, sollte die ganze Modulkette zumindest einseitig (nach Abb. 4.5) vom Wechselrichter elektrisch getrennt werden. Dies darf in Hinsicht auf die oft recht hohe Solarspannung nur unter Berücksichtigung aller notwendigen Sicherheitsmaß-

Vorsicht

Die Leerlaufspannung der Solarmodule kann auch bei trübem Wetter hoch sein. Wird sie an Modulen gemessen, die an einen Wechselrichter angeschlossen sind, dessen Eingangsimpedanz relativ niedrig ist, kann sie nahe Null liegen. Sobald jedoch die Verbindung zu dem Wechselrichter unterbrochen wird, kann die Leerlaufspannung am Ausgang der Modulkette auch bei wenig Sonnenschein oder bei trübem Wetter schnell auf einen lebensbedrohlichen Wert ansteigen. Als Abhilfe bietet sich hier an, eine der Verbindungen der Module (jeweils drei oder vier der Kette) zu unterbrechen. Handelt es sich dabei um Solarmodule, deren Verbindungskabel nicht mit Steckverbindungen, sondern nur mit Schraubklemmen verbunden sind, droht normalerweise keine Verletzungsgefahr bei Berührung der Leiter am Modul oder an seinen Klemmen. Wer jedoch keine Erfahrung mit Strom hat, sollte solche Arbeiten bevorzugt nach Einbruch der Dunkelheit vornehmen. Dann können die Solarmodule keine bedrohliche Leerlaufspannung aufbringen.

nahmen vorgenommen werden, wie es bereits mit Abb. 3.10 verdeutlicht wurde.

Eine Kontrolle des Kurzschlussstroms der Module kann nach Abb. 4.6 erfolgen. Der Strom-Messbereich des verwendeten Multimeters muss dabei den vom Modulhersteller angegebenen Kurzschlussstrom verkraften können. Es trifft sich gut, dass bei den meisten Solarmodulen der Kurzschlussstrom

unterhalb von 10 Ampere liegt, denn auch viele der preiswerten Multimeter verfügen über einen Messbereich von bis zu 10 A/DC (= 10 Ampere Gleichspannung). Vergewissern Sie sich jedoch vor der Messung in den technischen Unterlagen Ihrer Solarmodule, dass ihr theoretischer Kurzschlussstrom (laut Herstellerangaben) tatsächlich niedriger ist als der Messbereich Ihres Amperemeters (Multimeters). Da es

vorkommen kann, dass der Kurzschlussstrom eines der Solarmodule bis um ca. 10 % höher ist als in den Prospekten steht, sollte auch der Messbereich des vorgesehenen Messgeräts angemessen hoch sein.

Bei der Strommessung nach Abb. 4.6 brauchen die Messleitungen des Multimeters nicht mit den Anschlüssen (Klemmen) der Module fest verbunden zu werden, sondern die Messstifte des Multime-

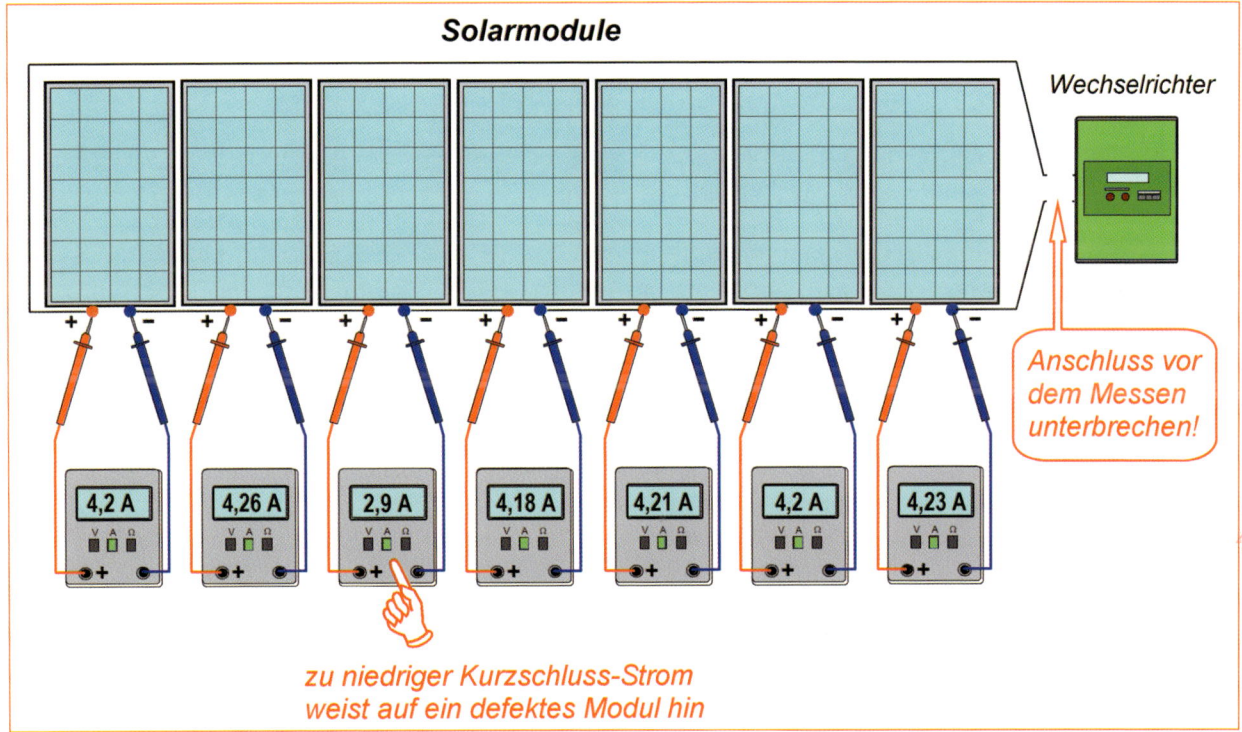

Abb. 4.6 – Das Kontrollmessen des Kurzschlussstroms einzelner Solarmodule wird an einem sonnigen Tag an Solarmodulen vorgenommen, die vorher von dem Wechselrichtereingang getrennt wurden oder bei denen der Stromkreislauf (z. B. durch Trennung einer Verbindung zwischen zwei Solarmodulen) unterbrochen wurde.

ters können jeweils an den Anschlüssen mit der Hand gehalten werden. Da jedoch bei dieser Messung das Multimeter den Modulstrom kurzschließt, entstehen bei der Berührung und beim Loslassen kleine Funken, die in die Messspitzen der Multimeter-Messstifte Spuren einbrennen können. Dies geschieht vor allem bei höheren Strömen. Aus diesem Grund sollten die Messspitzen der Messstifte mit einem zusätzlichen Aufsatz (z. B. mit festsitzenden Krokodilklemmen oder aufgeschraubten Kupferdrähten nach Abb. 4.7) geschützt werden. Lederhandschuhe und Schutzbrille sind bei einer Kurzschlussstrom-Messung ein Muss. Zudem ist Vorsicht bei der Messung an Modulen geboten, deren Kurzschlussstrom mehr als ca. 8 Ampere beträgt. Falls der Kurzschlussstrom mehr als ca. 12 Ampere beträgt, sollte diese Messung einem erfahrenen Fachmann überlassen werden. Das Gleiche gilt auch für Hochleistungs-Solarmodule, bei denen die Ausgangsspannung hoch ist, was eine Erhöhung der Ausgangsleistung zufolge hat.

Diese Messung setzt Erfahrung im Umgang mit Strom voraus. Sie sollte bevorzugt an einem sonnigen Tag erfolgen, an dem die Ausgangsspannungen der Solarmodule etwa 70 bis 80 % der offiziellen maximalen Ausgangsspannung (Nennspannung) erreicht. Wie das Beispiel in Abb. 4.4 zeigt, weist der Kurzschlussstrom eines defekten Solarmoduls eine Abweichung von den

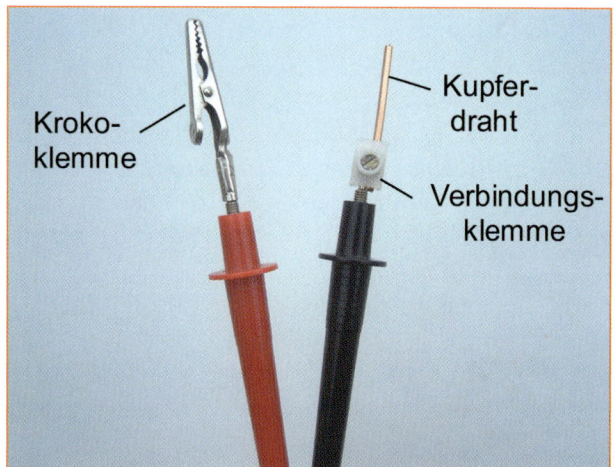

Abb. 4.7 – Krokodilklemmen oder Kupferdrähte an den Messspitzen der Multimeter-Messstifte schützen diese vor eventueller Beschädigung durch Funken, die zwischen den Anschlussklemmen des Solarmoduls und den feinen Messspitzen des Multimeters jeweils beim Kurzschließen der Module entstehen.

Messwerten auf, die bei anderen intakten Modulen ermittelt wurden. Kleinere Unterschiede bei den Kurzschlussstrom-Werten, die nicht zu sehr aus der Reihe tanzen, dürfen als zulässige Streuung akzeptiert werden, soweit sie nicht z. B. bei neuen Modulen größer sind, als es die offizielle Toleranz der Module erlaubt. Andernfalls dürften die Solarmodule reklamiert werden, sofern noch eine Garantie besteht.

❸: Der *Wirkungsgrad* des Wechselrichters verdient Aufmerksamkeit. Wie bereits in Kapitel 2, Abb. 2.5 erwähnt wurde, stellt der im Wechselrichterprospekt angegebene Wirkungsgrad keine Konstante dar, die für den gesamten Arbeitsbereich eines Wechselrichters gälte. In der Regel hängt der „momentane" Wirkungsgrad des Wechselrichters von der aktuellen Eingangsspannung ab, die er von den Solarmodulen erhält. Von

Fazit

Stellen Sie bei den Kotrollmessungen nach Abb. 4.4 oder 4.6 fest, dass eines der Module eindeutig zu große Abweichungen von den Durchschnittswerten anderer Module aufweist, muss es durch ein neues baugleiches Solarmodul (bevorzugt derselben Marke und Type) ersetzt werden.

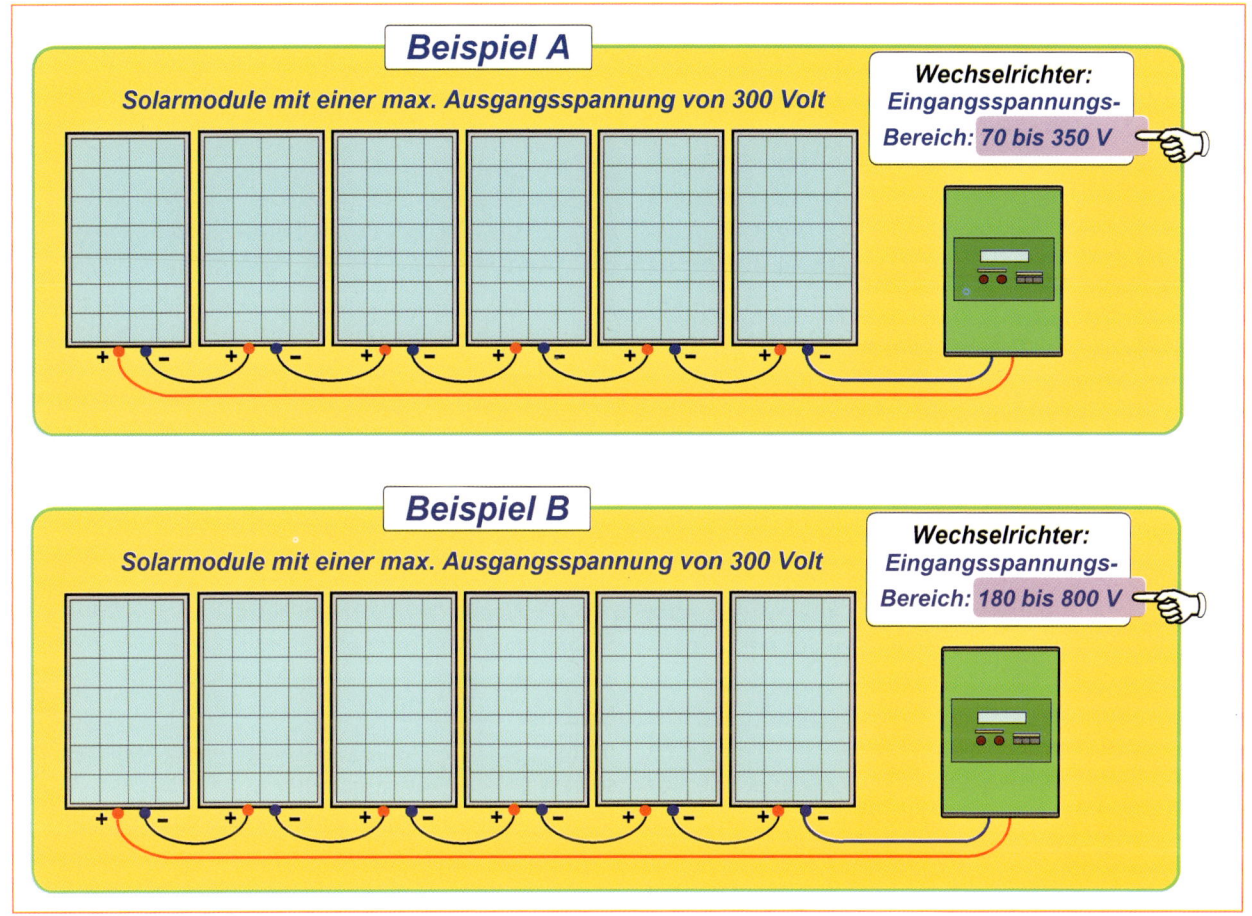

Beispiel A

Solarmodule mit einer max. Ausgangsspannung von 300 Volt

Wechselrichter:
Eingangsspannungs-
Bereich: 70 bis 350 V

Beispiel B

Solarmodule mit einer max. Ausgangsspannung von 300 Volt

Wechselrichter:
Eingangsspannungs-
Bereich: 180 bis 800 V

Abb. 4.8 – Zwei Beispiele der Anpassung eines Wechselrichters an die Nennspannung der Solarmodule: **a)** gute Lösung im Rahmen der gegenwärtigen technischen Möglichkeiten; **b)** unzumutbar schlechte Lösung.

der Type des Wechselrichters hängt zudem ab, ob z. B. sein Wirkungsgrad mit der steigenden Eingangsspannung steigt oder sinkt. Je nachdem, wie der eine oder andere Wechselrichter konzipiert ist, stellt die interne „Umwandlung" der Eingangsgleichspannung auf eine netzidentische und exakt synchronisierte Ausgangswechselspannung eine gewisse „Problemzone" dar,

die man bisher noch nicht optimal in den Griff bekommen hat. Bei relativ guten Wechselrichtern dürfte der Wirkungsgrad „nur" um maximal ca. 2 bis 3 % niedriger liegen, als im Prospekt des Wechselrichters angegeben wurde, wenn die eingespeiste Solarspannung von der exakten „Optimalspannung" des Wechselrichters abweicht.

4   Bewertungsvergleiche

❹a: Jeder Wechselrichter ist herstellerseitig für einen festen Eingangsspannungsbereich (PV-Spannungsbereich) ausgelegt. Er kann die ihm zugeführte Solarspannung erst dann verarbeiten und an das öffentliche Netz ankoppeln (ins Netz einspeisen), wenn seine Elektronik sie in die netzidentische Wechselspannung umwandeln kann. Sobald die Solarspannung unter diese vorgegebene Schwelle absinkt, schaltet sich der Wechselrichter aus, geht in seine Stand-by-Position und wartet einfach ab, bis er wieder etwas zu tun bekommt.

Theoretisch ist klar, dass der Eingangsspannungsbereich des Wechselrichters möglichst optimal auf den Bereich der erzielbaren Solarspannung der Solarmodule abgestimmt werden sollte. Was heißt das aber in der Praxis? Ein Vergleich der zwei Beispiele aus Abb. 4.8 erklärt das:

Die offizielle Nennspannung (maximale *Ausgangsspannung*) der Solarmodule in dem Beispiel aus Abb. 4.8a beträgt 300 Volt. Tatsächlich bewegt sich die von den Solarmodulen gelieferte Spannung zwischen 0 und maximal 300 Volt. Scheint die Sonne nicht mit voller Intensität oder ist es trübe, erzeugen die Solarmodule z. B. nur eine Spannung von 20, 50, 100 oder 200 Volt und laufen somit quasi „auf Sparflamme". Schön wäre es, wenn der oben eingezeichnete Wechselrichter auch niedrigere Solarspannungen als die aufgeführten 70 Volt akzeptieren und ins öffentliche Netz einspeisen würde. Leider ist es aber technisch noch zu schwierig, einen Wechselrichter so zu konzipieren, dass er einen ausreichend breiten Spannungsbereich hat und zudem eine relativ niedrige Solarspannung hochfahren und ins Netz einspeisen kann (siehe hierzu Kapitel 8.4). Dennoch: Der in Abb. 4.8a eingezeichnete Wechselrichter kann zumindest bereits eine Solarspannung ab 70 Volt verarbeiten – und das bei einem Spannungsbereich, der auch in Hinsicht auf seine Obergrenze unseren Ansprüchen gerecht wird. Mit dieser Obergrenze des Span-

nungsbereichs ist es nicht so einfach, denn es gibt auch Wechselrichter, die bereits eine Solarspannung von z. B. 21 Volt ins Netz einspeisen können, aber eingangsseitig nur maximal 60 Volt als Obergrenze ihres Spannungsbereichs verkraften.

Zum Beispiel in Abb. 4.8b: Der Eingangsspannungsbereich des Wechselrichters fängt deutlich viel zu hoch an. Der Wechselrichter wird daher die Solarenergie unter allen Umständen jeweils viel zu spät an das öffentliche Netz ankoppeln und viel zu früh abschalten. Die nicht eingespeiste Solarenergie geht dabei einfach verloren. Dass der Eingangsspannungsbereich dieses Wechselrichters bis 800 Volt reicht, hat bei dieser Anwendung keinen Sinn, denn die an ihn angeschlossenen Solarmodule können höchstens eine Solarspannung von 300 Volt liefern – und das auch nur theoretisch.

Der Wechselrichter muss auf die Nennleistung des Solargenerators (auf die Summe der Leistungen aller angeschlossenen Solarmodule) abgestimmt werden. Eigentlich sollten die gewerblichen Errichter von Solaranlagen schlimmstenfalls die Eingangsspannungen der angewendeten Wechselrichter auf die Nennspannungen nach unserem Beispiel aus Abb. 4.8a und nicht nach dem Beispiel aus Abb. 4.8b anpassen. In der Praxis ist es aber nicht immer ganz leicht, einen wirklich maßgeschneidert passenden Wechselrichter zu finden, da auch technische und finanzielle Aspekte berück-

Ein schlecht dimensionierter Wechselrichter – bzw. sein Eingangsspannungsbereich – kann im Nachhinein nicht anders eingestellt werden, wie z. B. die Wassertemperatur eines Heizkessels. Wenn deutlich feststeht, dass der Wechselrichter nicht geeignet ist, hilft nur ein neues Gerät.

sichtigt werden müssen (siehe hierzu auch Kapitel 8). Problematisch ist, dass bei schönem Wetter auch eine Photovoltaikanlage „gut läuft", die nach dem Beispiel aus Abb. 4.8b schlecht dimensioniert wurde. Ist das Wetter wiederum schlecht, läuft auch die perfekteste Photovoltaikanlage nicht. Nur die Erträge sind unterschiedlich.

❹b: Einen Wechselrichter zu reparieren ergibt nur dann Sinn, wenn es sich um ein noch relativ neues (max. 5 Jahre altes) Gerät handelt, das ursprünglich zufriedenstellend funktionierte. Dennoch sollte vor der Vergabe eines Reparaturauftrags gut überprüft werden, ob der Wechselrichter auch tatsächlich optimal auf die Nennspannung der Solarmodule abgestimmt wurde und ob

auch sein Wirkungsgrad noch auf dem neusten Stand ist. Einen Wechselrichter reparieren zu lassen, der seine Aufgabe ohnehin nicht erfüllen kann, ist überflüssig.

❹c: Bereits in Kapitel 2 wurde erwähnt, dass für die zusätzliche Lüftung eines Wechselrichters notfalls ein relativ kleiner netzbetriebener Tischventilator genügt. Als elegantere Lösung bietet sich die Anwendung eines Kleinraumlüfters (nach Abb. 4.9) an, dessen Aufnahmeleistung z. B. nur etwa 15 Watt beträgt. Wo der Lüf-

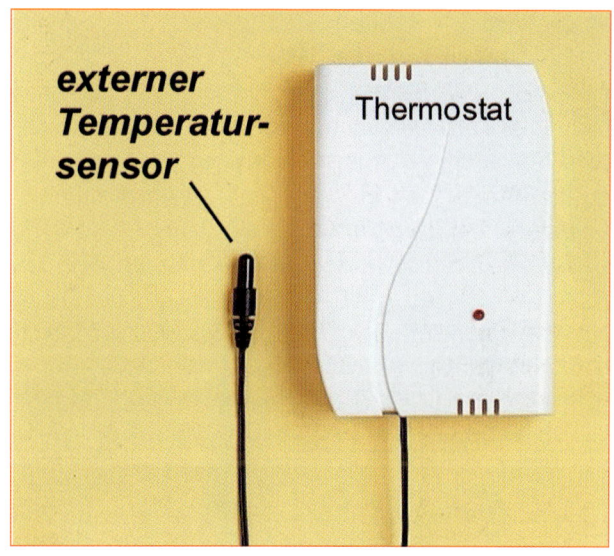

Abb. 4.10 – Verfügt ein Thermostat über einen externen Temperatursensor, kann dieser im Inneren des Wechselrichters die Temperatur überwachen.

Abb. 4.9 – Oft kann ein einziger kleiner Lüfter verhindern, dass der Wechselrichter die Photovoltaikanlage ausgerechnet dann abschaltet, wenn die Sonne am kräftigsten strahlt und viel Energie an die Solarzellen liefert. Das Schalten des Lüfters kann am kostengünstigsten durch eine einfache Steckdosen-Schaltzeituhr oder mit einem Steckdosenthermostat erfolgen.

ter am besten aufgestellt oder eingebaut werden kann, hängt sowohl von der Ausführung des Wechselrichters als auch davon ab, ob er noch unter die Garantiezeit fällt, die zusätzliche Änderungen solcher Art nicht erlaubt. Mithilfe eines Thermoschalters (Abb. 4.10) kann die Kühlung des Wechselrichters automatisch gesteuert werden. Alternativ genügt es aber auch, wenn z. B. ein Lüfter vorübergehend über eine einfache Steckdosen-Zeitschaltuhr gesteuert wird, die während der relativ wenigen heißen Tage den Lüfter um 8 Uhr morgens automatisch einschaltet und um 22 Uhr abends wieder abschaltet.

Ein gut entwickelter Wechselrichter sollte über einen internen Lüfter verfügen und zudem angemessen hitzeunempfindlich dimensioniert sein. Wer jedoch bereits mit einem wärmeempfindlichen Wechselrichter ausgestattet ist, dem entgeht durch das Abschalten seiner Anlage bei Hitze viel Geld.

Für eine ausreichende Lüftung der meisten Wechselrichter genügt es, einen Lüfter (z. B. Tischventilator) außen vor den Lüftungsöffnungen des Wechselrichtergehäuses aufzustellen oder aufzuhängen. Bei Wechselrichtern, für die kein Garantieanspruch mehr besteht, kann der Lüfter z. B. direkt in das Geräte-Innere oder in die Wand des Wechselrichtergehäuses installiert (aufgehängt, angeschraubt usw.) werden.

Mehr Kühlleistung können zwei Lüfter bewerkstelligen: Einer bläst die Luft in das Gehäuse des Wechselrichters hinein, der andere kann an der gegenüberliegenden Seite die heiße Luft aus dem Gehäuse herausblasen.

Da nur an wenigen Tagen im Jahr eine solche zusätzliche Lüftung des Wechselrichters wirklich erforderlich ist, lohnt es sich nicht, den Lüfter ständig laufen zu lassen. Es liegt dabei im persönlichen Ermessen, ob man sich damit zufriedengibt, den Lüfter nur manuell ein-

und auszuschalten oder automatisches Schalten wünscht.

Der Energieverbrauch eines 15-Watt-Lüfters liegt bei ca. 200 Watt pro Tag bzw. bei 2 kWh in 10 Tagen. Zwei Kilowattstunden (kWh) Strom kosten momentan etwa 36 bis 40 Cent. Es ist also verkraftbar, wenn ein Lüfter, der z. B. nur über eine Zeitschaltuhr geschaltet wird, versehentlich etwas länger läuft, als unbedingt erforderlich wäre.

Anstelle einer Zeitschaltuhr oder eines elektronischen Thermostats wäre ein einfacher Bimetall-Thermostat, der den Lüfter einschaltet, sobald die Raumtemperatur auf etwa 30 °C ansteigt, technisch vorteilhafter. Leider sind aber die Schalter der preiswerten handelsüblichen Bimetall-Thermostate meist nur so ausgelegt, dass sie bei zunehmender Temperatur nicht ein- sondern ausschalten – was für unsere Zwecke ungeeignet ist. Wer handwerklich geschickt ist, kann einen solchen Thermostaten umfunktionieren, indem er den bestehenden Thermostatschalter durch einen handelsüblichen Mikroschalter ersetzt, der als *Umschalter* (1× UM) ausgelegt ist.

❹d: Einige Solarmodule sind zwar herstellerseitig mit Glas versehen, das Fleckenbildung verhindert, aber wirklich „selbstreinigend" ist es nicht. Im Vergleich zu Fenster- oder Gewächshausscheiben haben die Verglasungen der Solarmodule nur den Vorteil, dass sie dunkel sind, wodurch leichtere Verschmutzung nicht auffällt. Sie ist aber vorhanden und nimmt mit den Jahren zu – wie z. B. unsere Abb. 4.12 zeigt.

Betreiber von Photovoltaikanlagen, deren Solarmodule leicht zugänglich sind, reinigen diese in der Regel einmal im Jahr. Auf die Reinigung von Solarmodulen an schwer zugänglichen oder zu steilen Dächern sind einige gewerbliche Anbieter spezialisiert (Abb. 4.13).

angewehtes Laub

Abb. 4.11 – Angewehtes Laub oder eine kaum sichtbare Verschmutzung (Beschattung) einer einzigen Solarzelle kann die Leistung der Solarmodule stark verringern.

Die Glasscheiben auf den Solarmodulen sind üblicherweise mit einer Antireflexschicht versehen, die auf keinen Fall mit aggressiven Reinigungsmitteln, Scheuermitteln, Chemikalien oder Spachteln beschädigt werden darf. Hartnäckiger Schmutz sollte nur mit einem handelsüblichen Glasreiniger oder mit einem nichtalkalischen Reinigungsmittel (z. B. auf Ammoniakbasis) und einem Mikrofasertuch oder mit einer speziellen feinen Bürste entfernt werden. Tragen Sie beim Waschen der Solarmodule Gummihandschuhe, um sich vor einem eventuellen elektrischen Schlag zu schützen.

❹e: Die Lötstellen, die die einzelnen Solarzellen durch eine dünne Lötfahne miteinander verbinden,

Schwer zugängliche Dachmodule müssen nicht zwingend jährlich gereinigt werden. Sie sollten jedoch zwei- oder dreimal im Jahr z. B. auf gelegentlich auftretende Verschmutzungen oder angewehtes Laub u. a. an hervorstehenden Stellen (z. B. Modulklemmen oder Rahmen) kontrolliert werden. Auch Vogelkot kann Solarzellen beschatten und damit die Solarleistung verringern.

Abb. 4.12 – Die Natur hilft sich auf ihre Art: Erst bildet sich auf den Solarmodulen eine dünne Schicht aus angewehtem Schmutz und Blütenstaub, anschließend breitet sich Moos aus – es sei denn, man lässt es nicht so weit kommen ...

Abb. 4.13 – Vor allem bei größeren oder schwer zugänglichen Solarmodulflächen kann ein Profi mit einer speziellen Vorrichtung eine schonende Reinigung der Solarmodule vornehmen (Foto: Joachim Herborn GmbH, 97990 Weikersheim).

Auch an unbelasteten oder unangeschlossenen Solarmodulen kann die Spannung an den Anschlussklemmen sogar bei einer Lichteinstrahlung von nur 5 % der vollen Sonnenintensität bereits die volle Leerlaufspannung haben (die ca. 20 % höher ist als die offizielle Modulnennspannung). Eine Gleichspannung von mehr als 30 Volt gilt dabei als „gefährlich".

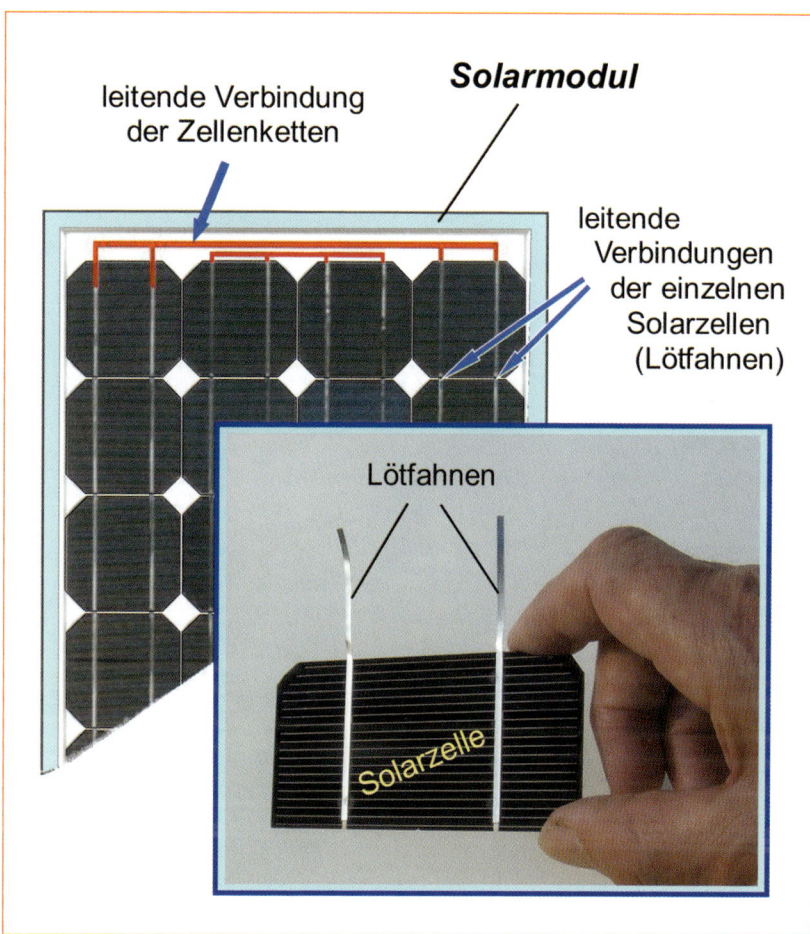

haben mit allen Lötstellen eines gemeinsam: Wenn sie nicht richtig angelötet sind, können sie eine Weile ihre Aufgabe meistern, irgendwann kommt es aber zu einer Unterbrechung der Verbindung. Ob es sich dabei eventuell nur um eine sogenannte *kalte Lötstelle* oder um eine stärkere Unterbrechung der Leiter handelt, spielt keine Rolle: Ein solcher Defekt ist irreparabel. Das Solarmodul muss ausgewechselt werden.

Verfügt ein Solarmodul über keine Bypass-Dioden, versagt bei einer solchen Unterbrechung der ganze Strang (die ganze Kette) der in Reihe verschalteten Module seinen Dienst. Sind jedoch in den Modulen Bypass-Dioden integriert, übernimmt die für ihre Sektion zu-

Abb. 4.14 – Eine bekannte Schwachstelle bilden bei den Solarmodulen herkömmlicher Bauart fehlerhafte Verbindungen zwischen den einzelnen Solarzellen im Modul.

ständige Diode die „Umleitung" und das Solarmodul funktioniert weiter, als ob nichts passiert wäre. Die Leistung dieses Moduls ist zwar um ca. 1/3 geringer als die eines intakten Moduls, aber bei einer längeren Modulreihe ist der Leistungsrückgang prozentual zu klein, um aufzufallen. Dennoch bleibt durch einen solchen Defekt der Leis-

4 Bewertungsvergleiche

tungsrückgang des ganzen Solargenerators dauerhaft proportional niedriger. Repariert werden kann ein solches Solarmodul nicht, Abhilfe schafft nur die Auswechslung des Moduls. Wird ein solcher Defekt während der Garantiezeit entdeckt, hat der Kunde Glück.

Bereits seit einigen Jahren stellen zwei US-Firmen und eine belgische Firma spezielle kristalline *Rückkontakt-Solarzellen* her, bei denen alle Zellenanschlüsse nur auf der Rückseite angeordnet sind. Auf der Zellenfrontseite dieser Solarzellen befindet sich nicht mehr das übliche silbrige Kontaktgitter, wodurch ein erheblich höherer Zellenwirkungsgrad erzielt wird (siehe hierzu auch Kapitel 6.2).

❹f: Der *Wackelkontakt* wurde bereits in Kapitel 2 (Abb. 2.1 und Erläuterung in Punkt ❸) angesprochen. Leistungsunterschiede, bedingt durch einen Wackelkontakt zwischen zwei Solarzellen, lassen sich zwar leicht theoretisch erklären, aber leider nur schwer ermitteln. Erst wenn ein Wackelkontakt längere Unterbrechungsphasen aufweist, kann man ihn aufspüren. Ausnahme bilden Wackelkontakte, die z. B. bei Steckverbindungen oder Verbindungsklemmen auftreten, denn sie können oft probeweise (durch Rütteln am Stecker oder am Kabel) gefunden werden.

Schwieriger ist es mit der Lokalisierung eines Wackelkontakts, der sich innen im Solarmodul an den Solarzellenverbindungen befindet und nur ab und zu streikt. Es ist reine Glücksache dahinterzukommen, dass es „irgendwo" einen Wackelkontakt gibt – noch schwieriger ist es in Erfahrung zu bringen, wo er ist. Die Solarspannung bleibt nur selten lange genug konstant, um messtechnisch ermitteln zu können, wo sich die Schwachstelle befindet. Vor allem die in den Modulen integrierten Bypass-Dioden bereiten in dieser Hinsicht Probleme, denn der Solarmodulstrang weist bei einer Fehlfunktion keine vollständigen Stromunterbrechun-

gen, sondern nur relativ geringe Spannungs- und Leistungsverringerungen auf.

Bei Solarmodulen, in denen Bypass-Dioden integriert sind, zeigt ein ausreichend empfindliches kontaktloses Infrarot-Thermometer in Pistolenform (Abb. 4.15), welche der Bypass-Dioden, die im Modul integriert sind, sich erwärmt. Die Erwärmung einer Bypass-Diode weist eindeutig darauf hin, dass durch sie Strom fließt – und Strom fließt durch eine Bypass-Diode nur dann, wenn der Stromkreis der von ihr überbrückten Zellenkette (nach Abb. 4.16) entweder ganz unterbrochen oder schwer beschattet ist.

Solange das Solarmodul intakt ist, sind die Bypass-Dioden „außer Betrieb" (es fließt durch sie kein Strom)

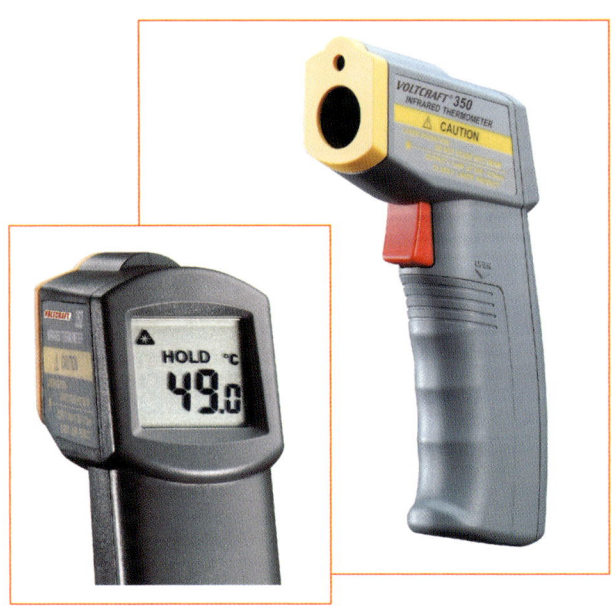

Abb. 4.15 – Infrarot-Thermometer tasten mit ihrem Strahl auch auf eine größere Entfernung kontaktlos Flächen oder Gegenstände ab und zeigen ihre Temperatur auf dem Display an (Foto/Anbieter: Conrad Electronic).

Bypass-Dioden

D1   D2   D3

Abb. 4.16 – Wird in einem Zellenstrang des Moduls die Zellenverbindung durch einen Defekt (Wackelkontakt) unterbrochen, übernimmt die „zuständige" Bypass-Diode (hier die Diode D2) die Stromumleitung der Sektion.

und bleiben kalt. Wenn dagegen eine der Bypass-Dioden (bei einem Defekt in der Sektion) die Stromverbindung übernehmen muss – wie das Beispiel in Abb. 4.16 zeigt – wärmt sie sich dabei stark auf. Dadurch

Bei den meisten Solarmodulen sind die Bypass-Dioden (meist nur zwei oder drei Bypass-Dioden pro Modul) an der Seite des Modulrahmens untergebracht, an dem sich auch die Anschlüsse befinden (Abb. 4.17).

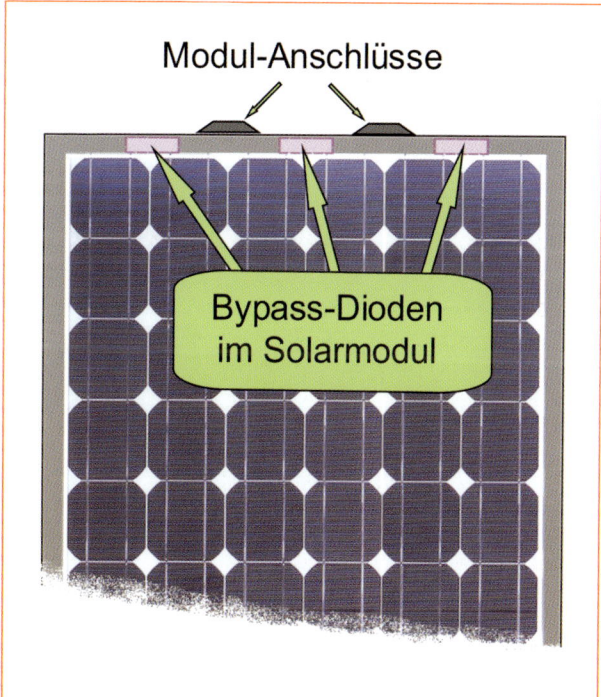

Modul-Anschlüsse

Bypass-Dioden im Solarmodul

Abb. 4.17 – Bypass-Dioden sind üblicherweise unter dem Modulrahmen an der Seite angebracht, an der sich auch die Anschlüsse (Steckverbindungen) des Moduls befinden.

wärmt sich die unmittelbare Umgebung der Diode, der Modulrahmen und das Abdeckglas, auf, was mithilfe des Infrarotthermometers ausfindig gemacht werden kann. Dieser Messvorgang setzt allerdings etwas Geduld, passendes Wetter und einen Zugang zu den einzelnen Solarmodulen voraus.

❹g: Eventuelle Überlegungen darüber, was man sich unter dem angesprochenen Defekt konkret vorstellen dürfte, erläutert Abb. 4.18. Entsteht in einem Solarstrang ein Defekt im Inneren des Solarmoduls und handelt es sich dabei um Solarmodule, die mit Bypass-Dioden gesichert sind (was aus den techni-

schen Daten der Module hervorgeht), funktioniert der Strang weiter (Abb. 4.18). Er erbringt in diesem Fall zwar eine etwas geringere Leistung, das muss aber nicht zwingend auffallen.

Ist dagegen ein Solarstrang wie in Abb. 4.18 ohne Funktion, obwohl seine Solarmodule mit

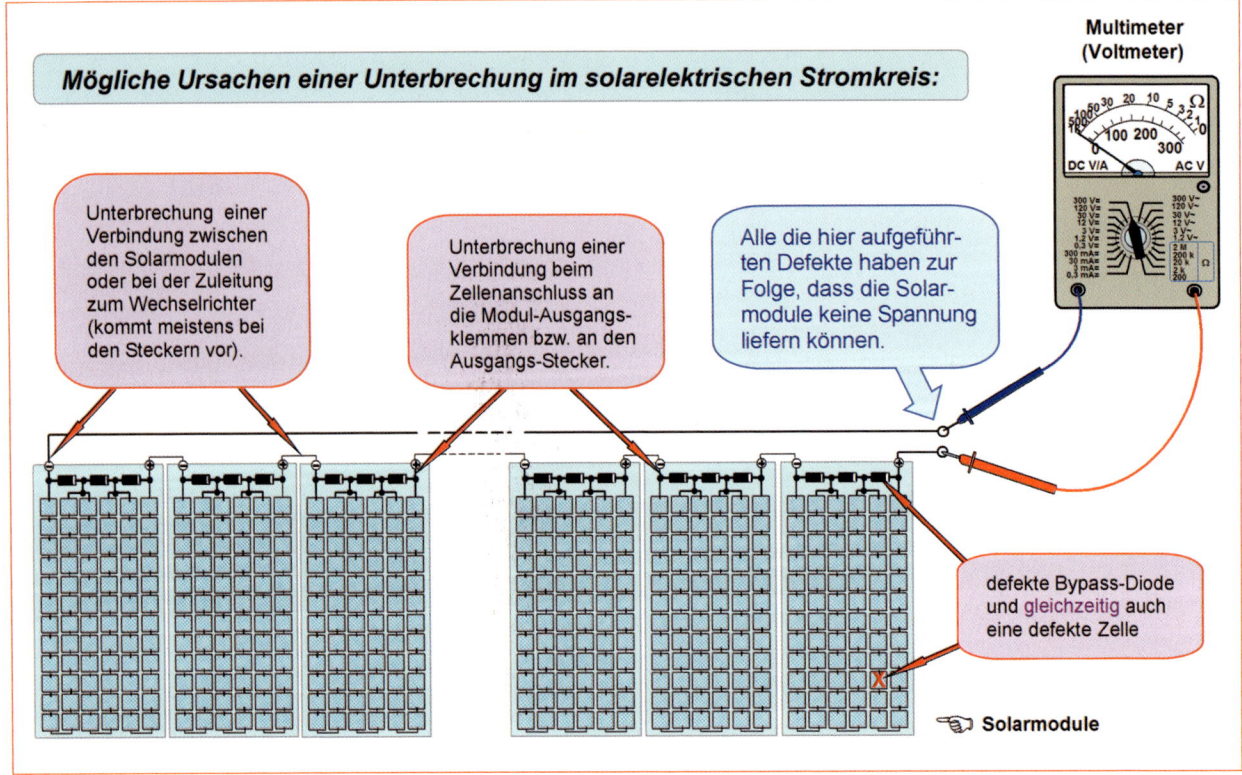

Mögliche Ursachen einer Unterbrechung im solarelektrischen Stromkreis:

Unterbrechung einer Verbindung zwischen den Solarmodulen oder bei der Zuleitung zum Wechselrichter (kommt meistens bei den Steckern vor).

Unterbrechung einer Verbindung beim Zellenanschluss an die Modul-Ausgangsklemmen bzw. an den Ausgangs-Stecker.

Alle die hier aufgeführten Defekte haben zur Folge, dass die Solarmodule keine Spannung liefern können.

Multimeter (Voltmeter)

defekte Bypass-Diode und gleichzeitig auch eine defekte Zelle

👉 Solarmodule

Abb. 4.18 – Liefert ein Solarstrang keine Spannung, obwohl die Sonne scheint, liegt die Ursache bei einer Unterbrechung im solarelektrischen Stromkreis.

Bypass-Dioden versehen sind, handelt es sich in den meisten Fällen um eine leicht auffindbare Unterbrechung bei den Verbindungskabeln der Module, ihrer Steckverbindungen oder bei dem Anschluss des Modulstrangs an den Wechselrichter – vorausgesetzt, der Wechselrichter selbst ist intakt (siehe hierzu auch Kapitel 3/Abb. 3.1 – Punkt 5).

In Ausnahmefällen kann es vorkommen, dass intern im Solarmodul eine der Verbindungen zu den Anschlussklemmen oder Anschlusssteckern nach Abb. 4.19 unterbrochen ist. Dies kann sowohl durch einen schlech-

ten Kontakt, der noch von außen zugänglich und daher reparabel ist, als auch durch eine Bahnunterbrechung im vergossenen Teil des Moduls verursacht werden, die nicht repariert werden kann. In letzterem Fall muss das Modul ersetzt werden.

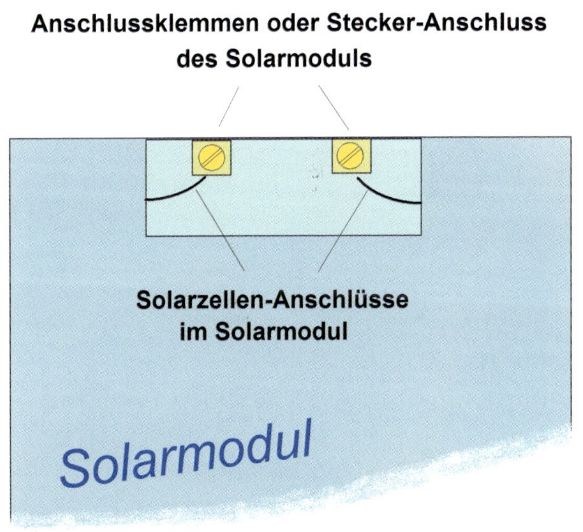

Anschlussklemmen oder Stecker-Anschluss des Solarmoduls

Solarzellen-Anschlüsse im Solarmodul

Solarmodul

Abb. 4.19 – Eine Unterbrechung der Zuleitung von den Solarzellen zu den Modulklemmen – oder zu seinem Stecker – kann leicht repariert werden, wenn sie nicht direkt im vergossenen Teil des Moduls entstanden ist.

Achten Sie bei der Spannungskontrolle der einzelnen Solarmodule darauf, ob die Spannungen aller Solarmodule genügend ausgewogen sind. Wählen Sie zu diesem Zweck eines der Solarmodule als Referenzmodul aus, mit dessen jeweiliger Solarspannung Sie bei wetterbedingten Belichtungsunterschieden (z. B. bei vorbeiziehenden Wolken) jeweils die Ausgangsspannungen der anderen Solarmodule vergleichen können. Weist eines der Module eine auffallend niedrigere Spannung auf, deutet es auf einen Defekt im Modul hin.

Vorsicht

Die in Abb. 4.20 aufgeführte Fehlersuche setzt Erfahrung im Umgang mit elektrischem Strom voraus, denn Solarspannung und vor allem die bereits angesprochene **Solar-Leerlaufspannung** kann bei einem längeren Modulstrang recht hoch sein. Sie ergibt sich einfach aus der Summe der Leerlaufspannungen der einzelnen Module der gemessenen Kette. Zudem ist bei der Spannungsmessung ein zusätzliches Verlängerungskabel von der einen Seite der Modulkette zum Multimeter erforderlich, das fachgerecht angeschlossen werden sollte, um eventuellen Verletzungen durch den Solarstrom vorzubeugen.

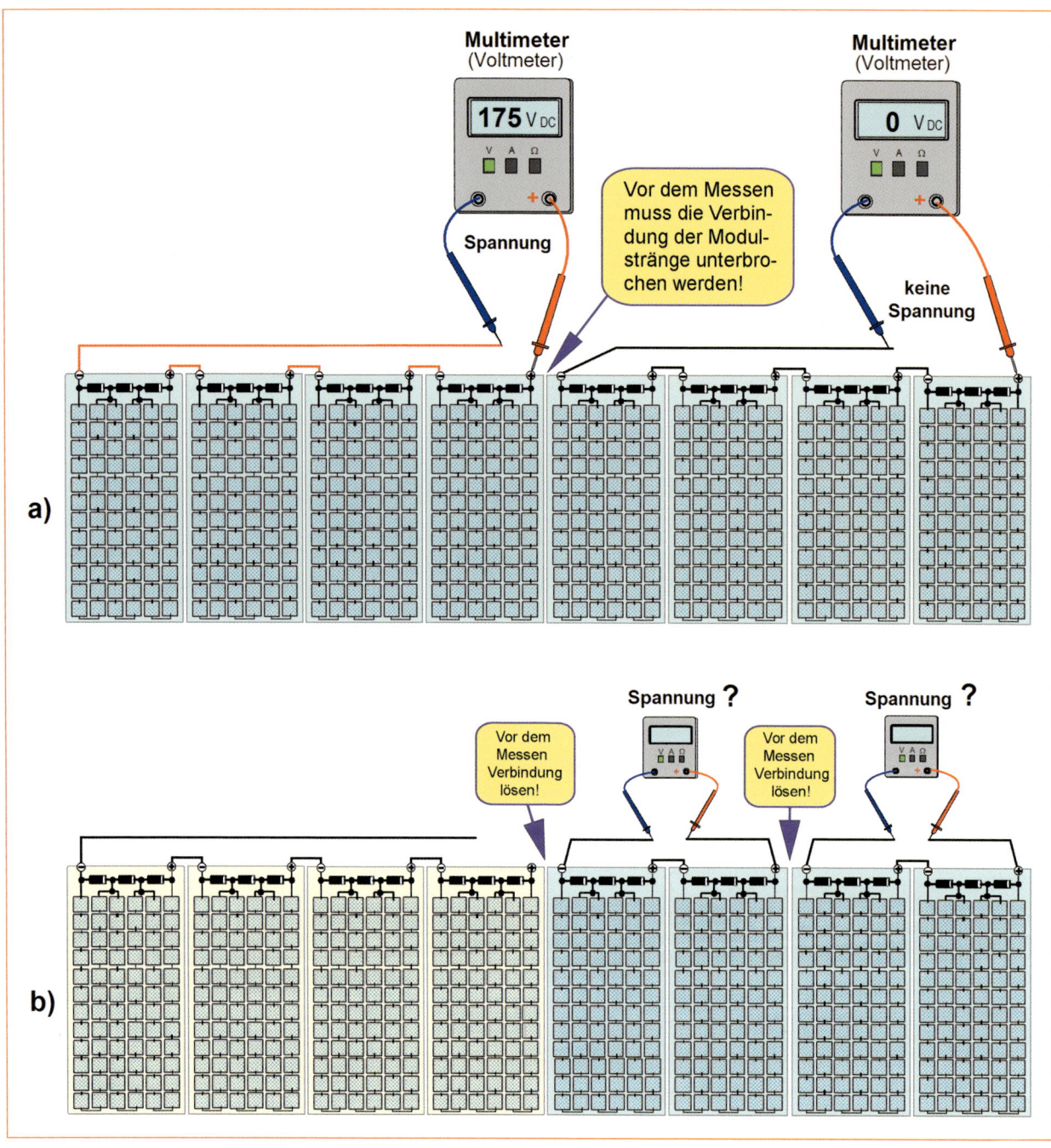

Abb. 4.20 – Suche nach einer unterbrochenen Verbindung: **a)** Die Verbindung des Solarmodulstrangs wird in der Mitte oder auch an einer beliebigen anderen leicht zugänglichen Stelle unterbrochen (der Stecker wird herausgezogen). Anschließend wird nachgemessen, welche der Stranghälften intakt ist und welche keine Spannung anzeigt; **b)** bei der defekten Stranghälfte wird wieder etwa in ihrer Mitte auf die gleiche Art die Verbindung unterbrochen, um zu prüfen, welcher Teil intakt ist usw.

Hier gilt das allgemein bekannte Prinzip, dass es bei beweglichen Teilen leichter zu einer Kontaktunterbrechung kommt als bei unbeweglichen Teilen. Gewissen Bewegungen und mechanischen Spannungen sind vor allem während der Montage- oder Wartungsarbeiten alle Steckverbindungen ausgesetzt. An manchen wird etwas zu kräftig gezogen, über andere wird gestolpert usw. Die Folgen zeigen sich oft erst später, sind aber in der Regel leicht zu beheben.

In Abb. 4.18 und 4.20 sind in den Solarmodulen jeweils drei Bypass-Dioden eingezeichnet, denn sie bilden einen Teil des Systems, der für die Reparaturen und die Fehlersuche wichtig ist. Sie sind allerdings nicht von außen sichtbar und ihre Anzahl (meist 3-5) variiert je nach Marke.

Wird nach dem in Abb. 4.20 gezeigten Prinzip Schritt für Schritt vorgegangen, zeigt sich am Ende der Suche, welches der Solarmodule oder Verbindungs-

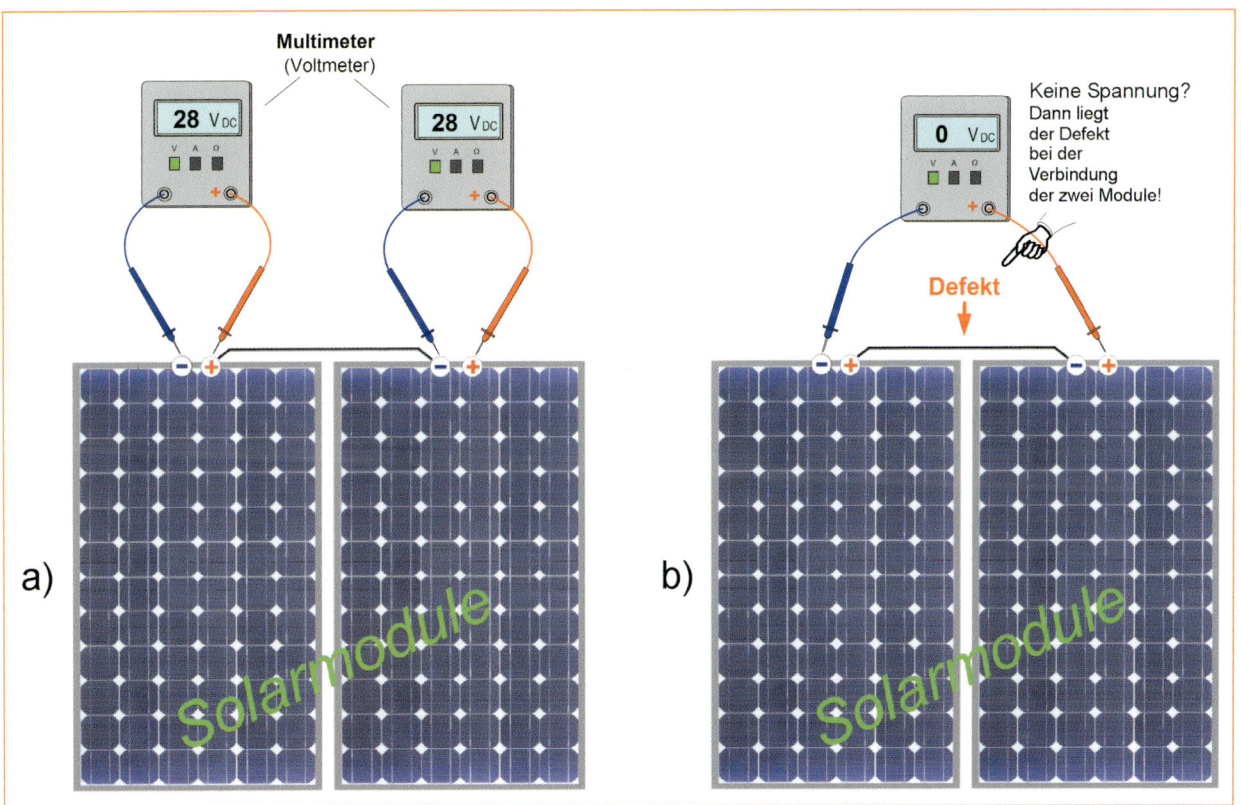

Abb. 4.21 – Bleiben am Ende der Suche nach einem Defekt noch zwei Solarmodule übrig, kann der Defekt nur an zwei Stellen sein: **a)** Zeigen beide Solarmodule eine Spannung, sind beide intakt und der Defekt kann nur noch bei der Verbindung der Module sein. **b)** Liegt der Defekt tatsächlich bei der Verbindung, zeigt das Voltmeter bei den zwei in Reihe geschalteten Modulen keine Spannung an.

4 Bewertungsvergleiche

kabel defekt ist. Wird die Suche nach dem Defekt bis zu einem einzigen Solarmodul oder bis zu zwei nebeneinander montierten Solarmodulen lokalisiert, bleibt oft die Frage offen, ob der Defekt in einem der Module oder in den Verbin- dungskabeln zu suchen ist. Die Antwort auf diese Frage lässt sich leicht finden: Erst werden an den Anschlussklemmen oder an den Anschlusssteckern nach Abb. 4.21a die Spannungen an beiden Solarmodulen kontrolliert. Sind beide Solarmodule intakt, kann der Defekt nur bei dem Verbindungs- kabel liegen, das nach Abb. 21b leicht mit einem Durchgangsprüfer bzw. Ohmmeter (= Multimeter, ge- schaltet auf den Widerstandsmess- bereich) kontrolliert werden kann.

Tipp

Für die Durchgangsmessung eig- net sich bevorzugt ein Zeigermul- timeter, dessen Zeiger schnell nach rechts springt, sobald eine leitende Verbindung mit den Messstiften berührt wird. Digital- multimeter verhalten sich bei sol- chen Messungen, sowohl bei der Suche als auch bei der Meldung, meist viel zu träge. Aber Vorsicht: Viele der neueren Zeigermulti- meter sind mit der gleichen träge reagierenden Elektronik ausge- legt. Sie brauchen dann, ähnlich wie die meisten digitalen Multi- meter, zu viel Zeit für die Mel- dung. Steht in der Bedienungsan- leitung solcher Geräte, dass nach dem Anlegen der Messstifte ge- wartet werden soll, bis sich der Zeiger des Multimeters beruhigt hat, ist das Gerät für Messungen im Widerstands-Messbereich – und damit auch für Durchgangs- prüfungen – ungeeignet.

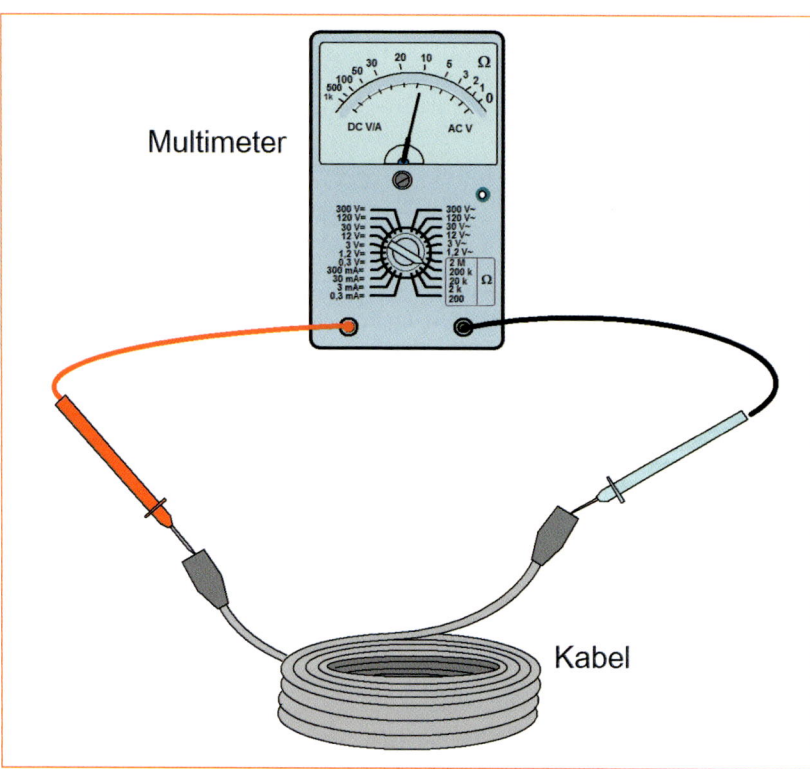

Abb. 4.22 – Durchgangsmessung an einem Verbindungskabel.

5 Steigerung des Ertrags einer Photovoltaikanlage

Am einfachsten lässt sich der Ertrag einer Photovoltaikanlage steigern, die sich noch im Planungsstadium befindet. Handwerkliche Erfahrung und kann sich als nützlich bei der eigentlichen Installation der Anlagenbausteine erweisen. Erfahrung mit unzuverlässigen oder untauglichen Komponenten kann dem Kunden viel Ärger ersparen. Die eigentliche Projektentwicklung beruht jedoch in erster Linie auf Fachwissen. Nach dem Durchlesen dieses Buchs werden Sie alles wissen, was Sie benötigen, um eine exzellent funktionierende Photovoltaikanlage entwerfen oder errichten zu können. Mitbringen müssen Sie handwerkliche Fähigkeiten.

5.1   Ist Ihr Wechselrichter richtig an Ihre Solarmodule angepasst?

Bei einer bestehenden Photovoltaikanlage verdient die Frage der Ertragserhöhung vor allem dann Aufmerksamkeit, wenn die Anlage durch Planungsfehler nur einen unnötig niedrigen Teil der erzeugten Solarenergie ins öffentliche Netz einspeist und den Rest negiert. Damit gehen Energie und Geld sinnlos verloren.

Es gibt zwar keinen Wechselrichter, der jedes Quäntchen der in den Solarzellen erzeugten elektrischen Energie ins öffentliche Netz einspeisen kann, aber er sollte imstande sein, einen möglichst großen Teil der Solarenergie zu verwerten. Bei der Umwandlung von Licht in elektrische Energie verhält er sich ähnlich wie der Dynamo am Fahrrad: Dreht das Antriebsrad lang-

sam, erzeugt der Dynamo nur wenig elektrische Energie und die Fahrradlampe leuchtet nur schwach. Dreht das Rad schneller, leuchtet die Fahrradlampe kräftiger. Ein Solarmodul wandelt allerdings nicht mechanische Energie in elektrische Energie um, sondern die Energie der Photonen, die auf die Solarzellenfläche treffen. Wird die Solarzellenfläche nur wenig belichtet, kann das Solarmodul auch nur entsprechend wenig Energie liefern. Die elektrische Spannung und die elektrische Leistung, die ein Solarmodul – oder eine beliebig große Solarzellenfläche – täglich von Sonnenauf- bis Sonnenuntergang liefert, verläuft prinzipiell nach Abb. 5.1. Die elektrische Energie, die nach Abb. 5.1 in den Solarmodulen „jeweils zur Verfügung steht", können die

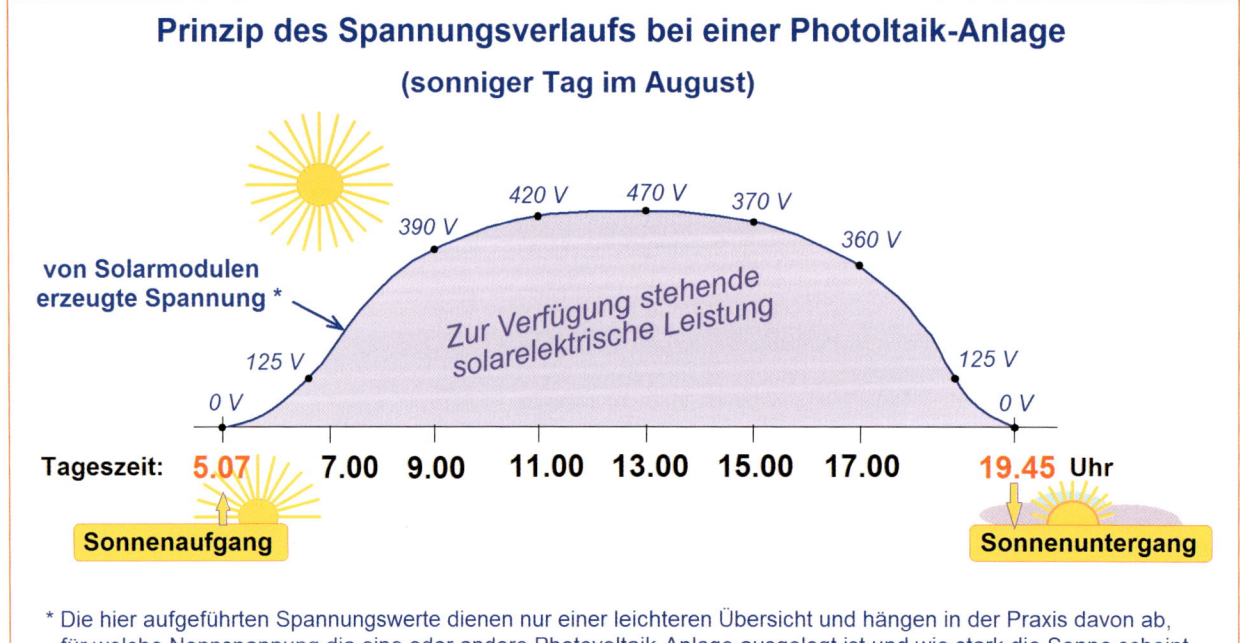

Abb. 5.1 – In den Solarmodulen einer Photovoltaikanlage steht die elektrische Energie vom frühen Morgen bis zum späten Abend zur Verfügung – allerdings in tageszeit- und wetterabhängigen Spannungs- und Leistungswerten.

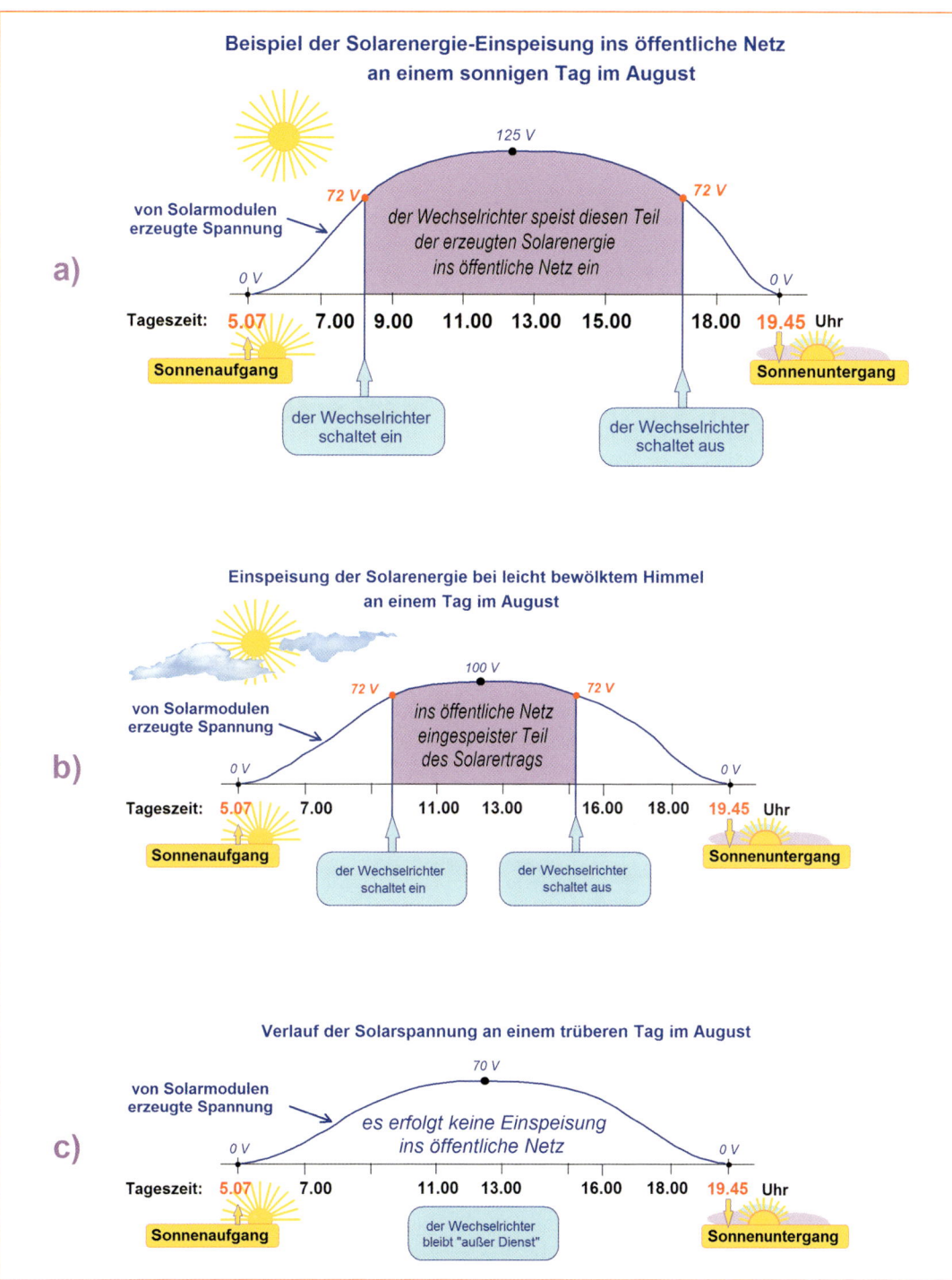

Abb. 5.2 – Wetterabhängige Einspeisung der Solarenergie ins öffentliche Netz bei einem Wechselrichter, dessen PV-Spannungsbereich zwischen 72 und 150 Volt liegt.

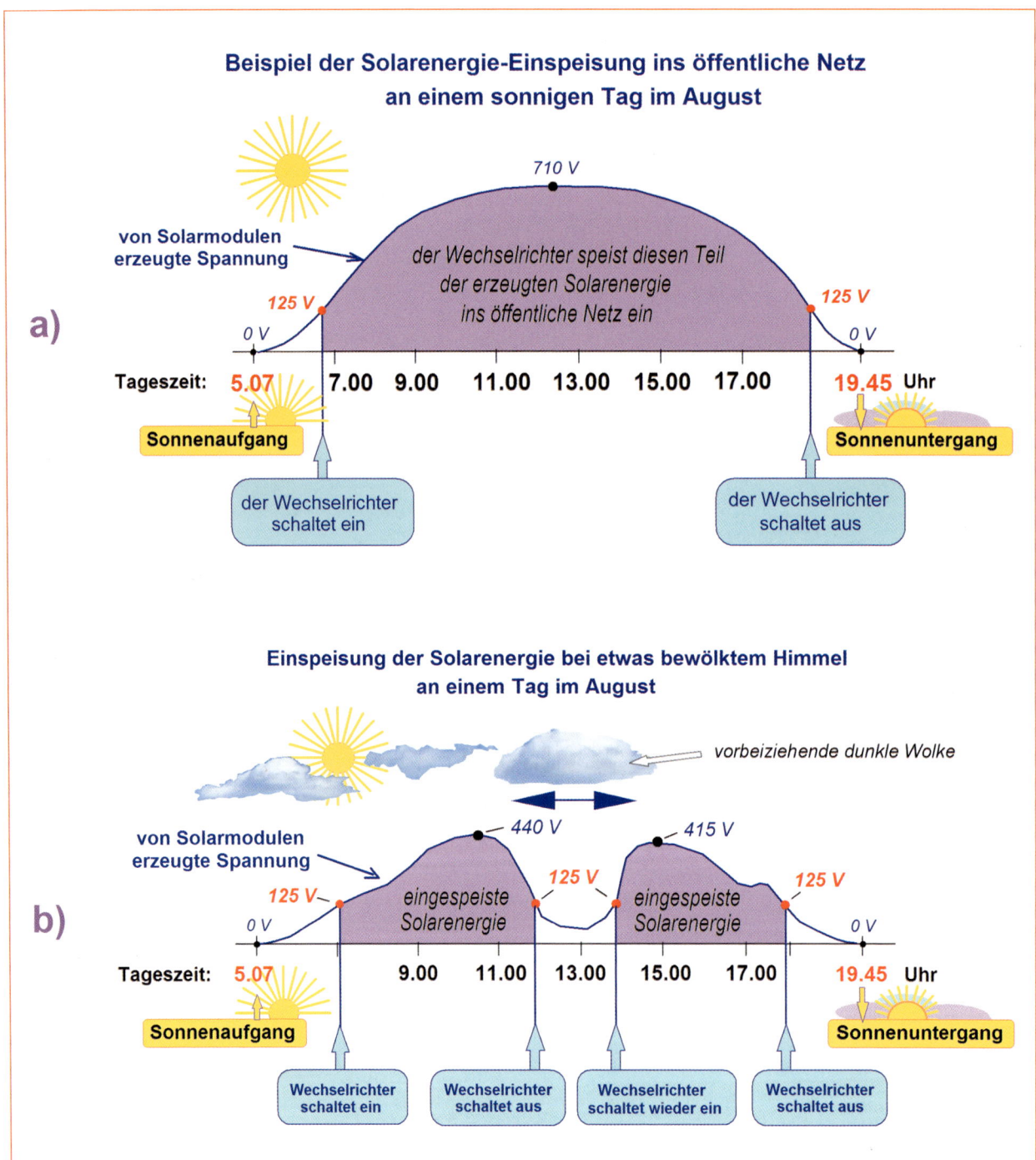

Abb. 5.3 – Wetterabhängige Einspeisung der Solarenergie ins öffentliche Netz, bei dem der PV-Spannungsbereich des Wechselrichters zwischen 125 und 750 Volt liegt und die offizielle Nennspannung des Solarmodulstrangs volle 750 Volt beträgt.

5.1 Ist Ihr Wechselrichter richtig an Ihre Solarmodule angepasst?

Solarmodule oder ihre Solarzellen weder speichern noch auf irgendeine Weise vorrätig halten. Wird sie nicht benötigt (bezogen), geht sie – vereinfacht formuliert – verloren. Die Wechselrichter sind leider noch so konzipiert, dass sie nicht fähig sind, das ganze Energieangebot der Solarmodule aufzubereiten, in netzidentischen Wechselstrom umzuwandeln und ins öffentliche Netz einzuspeisen. Sie schalten nicht gleich am frühen Morgen ein, sondern werden erst dann aktiv, wenn ihnen eine ausreichend hohe Solarspannung zugeführt wird. Sinkt die ihnen zugeführte Spannung danach unter eine produktspezifisch vorgegebene Schwelle, schalten sie sich wieder von den Solarmodulen in Stand-by-Betrieb ab und werden erst dann wieder aktiv, wenn die Solarspannung entsprechend gestiegen ist.

Diese leicht nachvollziehbare Arbeitsweise der Wechselrichter ist typenbezogen sehr unterschiedlich und wird in den technischen Daten der Geräte als *PV-Spannungsbereich „von … bis"* angegeben. So kann z. B. bei einem Wechselrichter der Spannungsbereich (MPPT) zwischen 70 und 150 Volt, bei einem anderen zwischen 200 und 600 Volt liegen usw. Liegt der Spannungsbereich (Eingangsspannungsbereich) eines Wechselrichters zwischen 72 und 150 Volt, beinhaltet es, dass dieser Wechselrichter die ihm zugeführte Solarspannung erst dann annimmt (zuschaltet und ins öffentliche Netz einspeist), wenn sie auf die 72 Volt angestiegen ist. Er schaltet sich wieder ab, sobald die Solarspannung unter die Schwelle von 72 Volt gesunken ist. Die Obergrenze des Spannungsbereichs, die bei diesem Wechselrichter mit 150 Volt angegeben ist, darf zudem nicht überschritten werden. Das heißt, dass die von Solarmodulen gelieferte Spannung höchsten 150 Volt betragen darf.

Schließt man nun an diesen Wechselrichter z. B. vier Solarmodule à 36 Volt (in Reihe) an, ergibt das eine maximale Solarspannung von theoretisch 144 Volt. Die Einspeisung der Solarenergie ins elektrische Netz er-folgt dann an einem sonnigen Tag ungefähr nach Abb. 5.2a, bei einem leicht bewölkten Himmel nach Abb. 5.2b und an einem trüben Tag nach Abb. 5.2c, also gar nicht. Bemerkung: in der Abb. 5.2a erreicht die eingezeichnete Spannung nicht die „theoretischen" 144 Volt, sondern nur 125 Volt – was durch die Herstellungssteuerung und Erwärmung der Solarmodule in der Praxis vorkommt.

Vergleichen Sie bitte die jeweiligen wetterbedingten Vorgänge in den Abb. 5.2a,b und c. Die grafische Darstellung verdeutlicht hier, wie groß die Energieverluste in den Feldern sind, aus denen die Solarenergie nicht ins öffentliche Netz eingespeist wird. Dieses Beispiel dient allerdings nur dazu, dass Sie sich ein konkreteres Bild davon machen können, wie wichtig es ist, dass der Spannungsbereich des Wechselrichters gut auf die Nennspannung des Solargenerators (Solarmodulstrangs) abgestimmt wird.

> **Wichtig**
>
> Bei manchen Wechselrichtern bezieht sich die Höchstgrenze der maximalen Eingangsspannung nicht auf die Solarnennspannung, sondern auf die Leerlaufspannung des Modulstrangs. In dem Fall darf die offizielle Nennspannung (U_{MPP}) des Solarstranges höchstens ca. 80 % der Eingangsspannungs-Höchstgrenze betragen. Wenn aus den technischen Unterlagen Ihres Wechselrichters nicht eindeutig hervorgeht, ob oberhalb der angegebenen Höchstgrenze des Wechselrichter-Spannungsbereichs (PV-Spannungsbereichs) angemessene Sicherheitsreserven eingebaut sind, hilft ein Anruf bei der technischen Abteilung des Herstellers.

5.1 Ist Ihr Wechselrichter richtig an Ihre Solarmodule angepasst?

Beim Vergleich dieser Abbildung mit Abb. 5.3 fällt auf, dass die energetische Ausbeute der Solaranlage relativ hoch ist. So geht z. B. bei dem Beispiel aus Abb. 5.3a hervor, dass Energie in der Früh und am Abend verloren geht, aber es handelt sich dabei um geringe Teile. Im Vergleich mit dem Beispiel aus Abb. 5.2b sind bei einer gut dimensionierten Photovoltaikanlage auch bei bewölktem Himmel (Abb. 5.3b) die Energieverluste relativ gering.

Aus den Beispielen in Abb. 5.2 und 5.3 geht deutlich hervor, dass die Rendite einer Solaranlage vor allem davon abhängt, wie gut ihre Solarmodule und ihr Wechselrichter aufeinander abgestimmt sind. Dieser Teil der Planung verdient höchste Priorität. Leider wird in der Praxis diesem Anliegen nicht die angemessene Aufmerksamkeit gewidmet. Zugeständnisse müssen hier vor allem bei den PV-Spannungsbereichen (Eingangsspannungsbereichen) der Wechselrichter gemacht werden. Man muss sich notfalls auch mit einem bescheideneren Anspruch zufriedengeben: Der Wechselrichter sollte im Idealfall die Solarenergie schon dann ins Netz einspeisen können, wenn die von den Solarmodulen gelieferte Spannung etwa 10 % des offiziellen Solarspannungs-Nennwertes (Spannung bei max. Belastung) des Strangs übersteigt. Dieser Anspruch hat jedoch seinen Preis.

Als ein Kompromiss könnte daher in Kauf genommen werden, dass die Solarleistung erst ab dem Moment ins Netz eingespeist wird, in dem die Solarspannung auf ca. 1/6 ihres Nennwerts ansteigt.

Der PV-Spannungsbereich ist allerdings bei jeder Wechselrichter-Type anders. Die Bedingung, dass der Wechselrichter fähig sein müsste, bereits ab 1/6 der maximalen Solarspannung die Solarenergie ins Netz einspeisen zu können, wird damit erfüllt, dass die Untergrenze zu der Obergrenze seines PV-Spannungsbereichs in einem Verhältnis von 1 zu 6 steht. Konkret

Beispiel

Die offizielle Nennspannung eines Solarmodulstrangs beträgt 300 Volt. Es kann sich dabei z. B. um zehn Solarmodule à 30 oder um fünf Solarmodule à 60 Volt handeln, die in Reihe geschaltet sind. Auch die eigentliche Leistung des Strangs spielt in diesem Zusammenhang keine Rolle. Es kommt nur darauf an, dass in diesem Fall der Wunschwechselrichter imstande sein sollte, die ihm zugeführte Solarenergie ab dem Moment ins Netz einzuspeisen, in dem die Solarspannung auf etwa 1/6 (ca. 16,6 %) der Solarnennspannung (U_{MPP}) gestiegen ist. Das wären – bei unserem 300-Volt-Modulstrang – umgerechnet 50 Volt.

könnte dann so ein Wechselrichter z. B. für einen PV-Spannungsbereich von

40 bis 240 Volt oder
50 bis 300 Volt oder
60 bis 360 Volt oder
75 bis 450 Volt usw. ausgelegt sein.

Die optimal passenden Solarmodule müssten dann jeweils so verschaltet werden, dass die Ausgangsspannung des Modulstrangs möglichst nahe an der obersten Grenze des PV-Spannungsbereichs liegt. Abb. 5.4. verdeutlicht, wie wichtig dieser Anspruch ist.

Die Lösung in Abb. 5.4a ist gut, denn der PV-Spannungsbereich des Wechselrichters ist hier günstig breit. Seine minimale Eingangsspannung (von 60 Volt) steht zu seiner maximalen Eingangsspannung (von 360 Volt) im Verhältnis von 1 zu 6 und die Nennspannung der Module ist auf den Wechselrichter exakt abgestimmt. Sobald hier die Ausgangsspannung der Solarmodule auf 1/6 (60 Volt) ihrer offiziellen Nennspannung an-

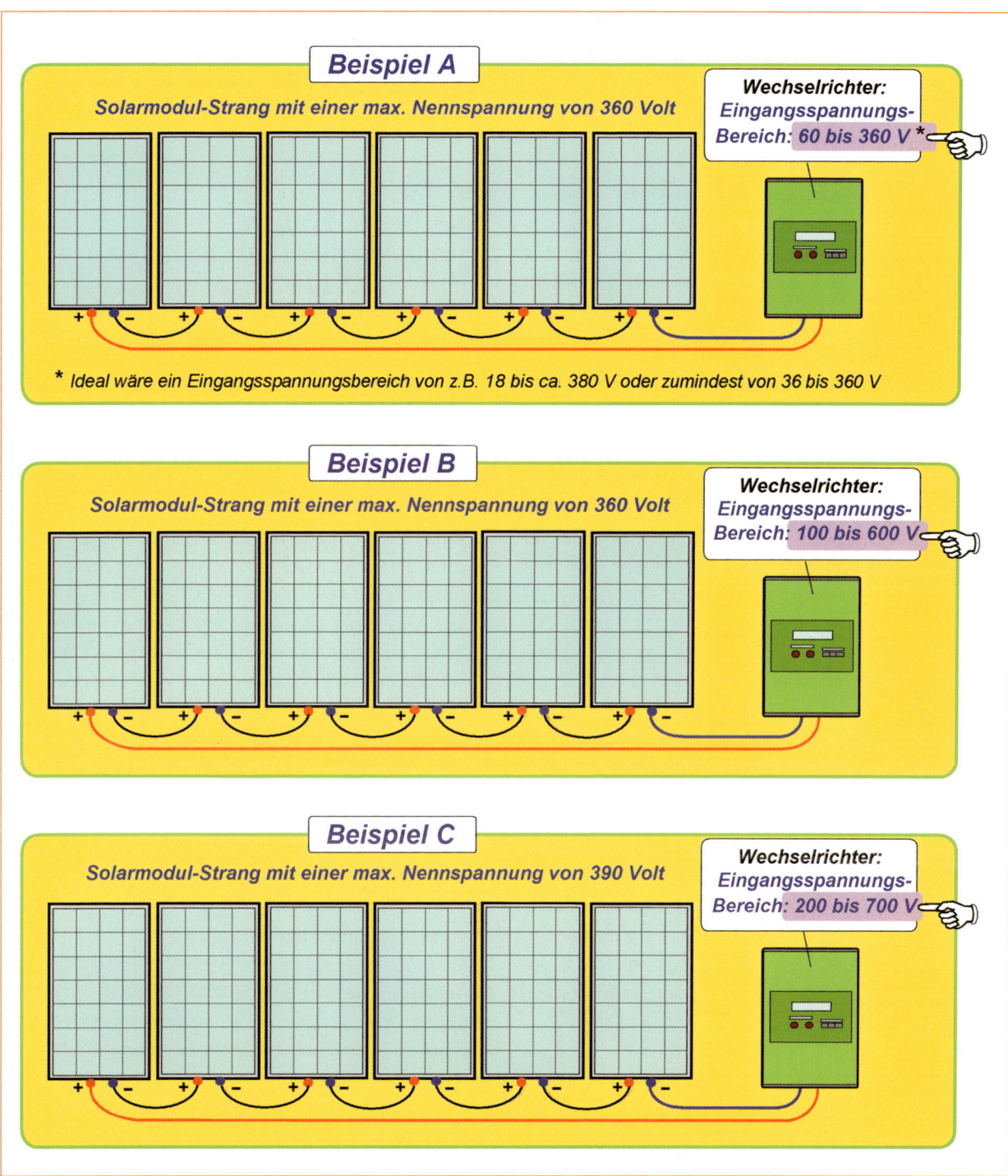

Beispiel A

Solarmodul-Strang mit einer max. Nennspannung von 360 Volt

Wechselrichter:
Eingangsspannungs-Bereich: **60 bis 360 V** *

* *Ideal wäre ein Eingangsspannungsbereich von z.B. 18 bis ca. 380 V oder zumindest von 36 bis 360 V*

Beispiel B

Solarmodul-Strang mit einer max. Nennspannung von 360 Volt

Wechselrichter:
Eingangsspannungs-Bereich: **100 bis 600 V**

Beispiel C

Solarmodul-Strang mit einer max. Nennspannung von 390 Volt

Wechselrichter:
Eingangsspannungs-Bereich: **200 bis 700 V**

67

Abb. 5.4 – Drei Beispiele der Abstimmung des Wechselrichters auf den Solarmodulstrang: **a)** gute Anpassung; **b)** ungünstige Anpassung; **c)** ausgesprochen schlechte Anpassung.

5.1 Ist Ihr Wechselrichter richtig an Ihre Solarmodule angepasst?

steigt, fängt der Wechselrichter mit der Netzeinspeisung an und schaltet sich vom Netz erst dann wieder ab, wenn die Solarspannung unter 60 Volt sinkt. Die Solarenergie wird hier ins öffentliche Netz zufriedenstellend eingespeist.

Eine schlechte Abstimmung der Komponenten zeigt Abb. 5.4b. Der Spannungsbereich des Modulstrangs ist hier gegenüber dem PV-Spannungsbereich des Wechselrichters quasi „verschoben". Im Gegensatz zum Beispiel aus Abb. 5.4a fängt hier die Einspeisung des Solarstroms ins öffentliche Netz erst dann an, wenn die Solarspannung auf 100 Volt gestiegen ist. Dadurch geht viel Solarenergie z. B. auch an Tagen verloren, an denen die Solarspannung die vorgesehenen 100 Volt gar nicht oder nur kurz während der Mittagszeit erreicht. Dass hier die Obergrenze des Wechselrichter-Spannungsbereichs bei 600 Volt liegt, ist kein Vorteil, denn der Spannungsbereich oberhalb 360 Volt wird nicht genutzt – es sei denn, die Kette des Solarmodulstrangs wird um einige zusätzliche Solarmodule verlängert und seine Spannung somit (eventuell bis auf die vollen 600 Volt) erhöht.

Eine Konfiguration nach Abb. 5.4c ist missglückt. Das muss dem Betreiber aber nicht unbedingt auffallen, denn die Anlage zeigt sich nach außen aktiv. Die minimale Eingangsspannung steht hier zu der maximalen Eingangsspannung des Wechselrichters nur im Verhältnis von 200 zu 390 V, was etwas weniger als 1 zu 2 darstellt. Der Wechselrichter speist hier den Solarstrom jeweils viel zu spät ins Netz ein und schaltet ihn viel zu früh ab.

Wie sieht es mit der Anpassung der Solarmodule auf den (oder die) Wechselrichter bei Ihrer Photovoltaikanlage aus? Um diese Frage von Grund auf zu klären, fangen Sie am besten damit an, in den technischen Unterlagen Ihrer Solarmodule und Ihres (Ihrer) Wechselrichter Folgendes ausfindig machen:

- Bei Solarmodulen:
  **Nennspannung (U_{MPP}),
  Leerlaufspannung (U_L),
  Nennstrom (I_{MPP}),
  Nennleistung (P_{max}),
  Anzahl der Solarmodule pro Wechselrichter**
  (falls die Anlage über mehr als einen Wechselrichter verfügt oder falls Ihr Wechselrichter mehrere Eingänge hat*).

* *Einige Wechselrichter sind für mehrere unabhängige Eingänge (Strings) ausgelegt, was beinhaltet, dass sie die Funktion mehrerer Einzelwechselrichter aufweisen. An jedem dieser Eingänge ist dann ein Solarmodulstrang (String) angeschlossen, der sich von den anderen Modulsträngen in seinen technischen Parametern unterscheiden kann. In dem Fall muss in Bezug auf die Konfiguration jeder Solarmodulstrang mit seinem Wechselrichter als eine selbstständige „Photovoltaikanlage" ausgewertet werden.*

- Beim Wechselrichter die „Eingangsgrößen":
  **PV-Spannungsbereich, MPPT (U_{MPP}),
  max. DC-Spannung ($U_{DC\ max.}$),
  max. DC-Leistung ($P_{DC\ max.}$),
  max. Eingangsstrom ($I_{PV\ max.}$).**

Bemerkung: *das „DC" (engl. direct current) ist eine internationale Bezeichnung für die Gleichspannung für den Gleichstrom. In technischen Zeichnungen und Datenblättern wird anstelle von „DC" oft auch das Zeichen „=" verwendet. Wechselspannung und Wechselstrom werden mit AC (alternating current) oder mit dem Symbol „~" bezeichnet.*

5.1 Ist Ihr Wechselrichter richtig an Ihre Solarmodule angepasst?

Alles klar? Notieren Sie sich alle technischen Daten, erstellen Sie sich eine einfache Skizze Ihrer Photovoltaikanlage nach dem Beispiel in Abb. 5.1 und tragen Sie dort die Daten Ihrer Solarmodule und Ihres Wechselrichters ein. Falls Ihre Anlage mehr als einen Wechselrichter hat und aus mehreren unabhängigen Modulsträngen besteht, die unterschiedlich konfiguriert sind, werden Sie mehrere solche Skizzen benötigen.

Mit dem bislang erlangten Wissen können Sie nun auf den ersten Blick erfassen, wie energieverschwendend die Komponentenanpassung in dem Beispiel aus Abb. 5.5 ist. Der Wechselrichter speist die Solarspan-nung ins Netz erst ein, nachdem sie ungefähr auf 1/3 der (theoretischen) maximalen Solarnennspannung gestiegen ist. Sie werden bei der Kontrolle Ihrer Anlage nach diesem Vorbild möglicherweise feststellen, dass die Spannungsbereiche nicht optimal aufeinander abgestimmt wurden. Möchten Sie den Ertrag Ihrer Anlage optimieren, kommen eigentlich nur zwei Möglichkeiten infrage: Entweder Sie erhöhen die Spannung Ihrer Modulkette durch Installation und Anschluss eines weiteren Solarmoduls (oder mehrerer zusätzlicher Solarmodule) oder Sie ersetzen den bestehenden Wechselrichter durch ein besser angepasstes Gerät.

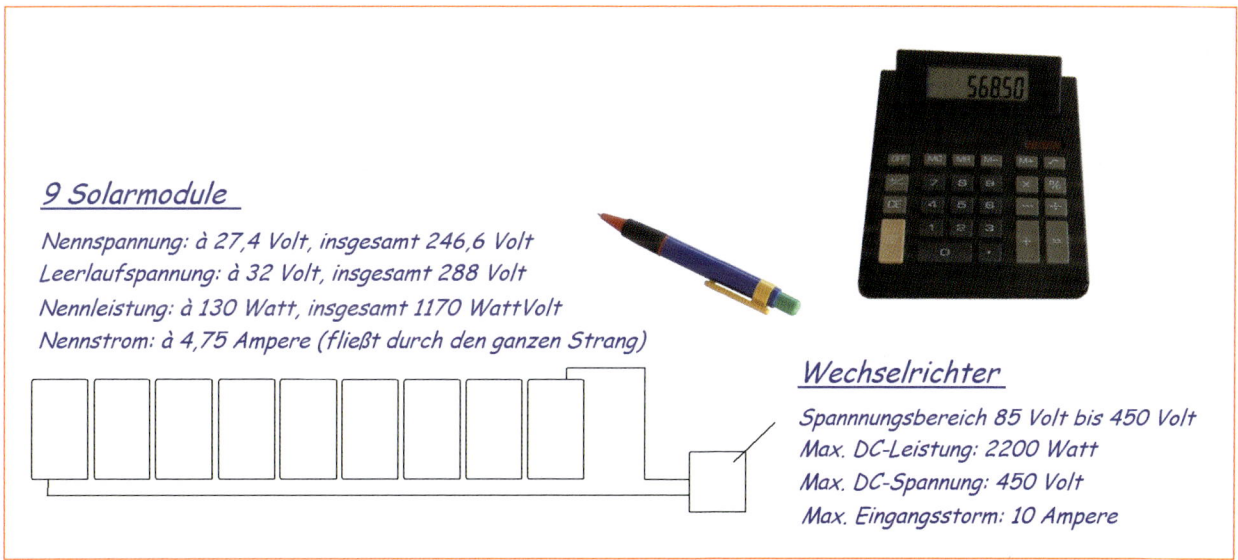

9 Solarmodule

Nennspannung: à 27,4 Volt, insgesamt 246,6 Volt
Leerlaufspannung: à 32 Volt, insgesamt 288 Volt
Nennleistung: à 130 Watt, insgesamt 1170 WattVolt
Nennstrom: à 4,75 Ampere (fließt durch den ganzen Strang)

Wechselrichter

Spannnungsbereich 85 Volt bis 450 Volt
Max. DC-Leistung: 2200 Watt
Max. DC-Spannung: 450 Volt
Max. Eingangsstorm: 10 Ampere

Abb. 5.5 – Beispiel einer Anlagenskizze, die Sie sich zur Kontrolle des Konzepts Ihrer Photovoltaikanlage erstellen sollten.

5.2 Verlängerung des Solarmodulstrangs

Wenn es der noch zur Verfügung stehende Platz erlaubt, kann ein bestehender Solarmodulstrang durch zusätzliche Solarmodule verlängert werden, um die Solarspannung günstiger auf den Spannungsbereich des Wechselrichters anzupassen. Dies kann sowohl mit einem bestehenden als auch einem neuen Wechselrichter vorgenommen werden.

Die Eingangsgrößen (technische Parameter) des Wechselrichters sind wichtige Parameter, die vor allem bei Änderungen bestehender Solarmodulstränge nicht außer Acht gelassen werden dürfen. Aus folgenden Gründen sind diese Daten wichtig:

- Die *maximale DC-Spannung* bezieht sich auf die Spannungshöchstgrenze, die der Wechselrichter verkraftet. Bei manchen Wechselrichtern ist sie identisch mit der oberen Grenze des PV-Spannungsbereichs, bei anderen kann sie etwas höher liegen. In dem Fall verfügt der Wechselrichter über zusätzlichen „Spielraum" für das kurzfristige Abfangen der Leerlaufspannung, die bei einem unbelasteten Solarmodulstrang um bis zu etwa 20 % höher als die Modulnennspannung ist. Von der internen Elektronik eines Wechselrichters hängt dann ab, ob er z. B. im Moment des Einschaltens kurzfristig eine Leerlaufspannung verkraftet, die bis um ca. 20 % die Obergrenze seines PV-Spannungsbereichs überschreitet (siehe hierzu auch Kapitel 8).

- Die *maximale DC-Leistung* des Wechselrichters darf verständlicherweise nicht niedriger als die Nennleistung des an ihm angeschlossenen Solarmodulstrangs sein. Bei einer Erweiterung (Verlängerung) des Modulstrangs ist darauf zu achten, dass durch den Anschluss weiterer Solarmodule die Solarleistung nicht die max. DC-Leistung des Wechselrichters überschreitet. Dies dürfte jedoch in der Praxis nur selten vorkommen, denn die meisten Wechselrichter sind bei den bestehenden Anlagen großzügig dimensioniert.

- Der *maximale DC-Strom* ist ähnlich zu berücksichtigen wie die maximale DC-Leistung. Der vom Wechselrichterhersteller angegebene Grenzwert darf nicht überschritten werden – was allerdings bei einer reinen Verlängerung des Modulstrangs nicht vorkommt. Eine gewisse Reserve kann sich an heißen Sommertagen als vorteilhaft erweisen, denn ein zu hoch belasteter Wechselrichter heizt sich zu sehr auf und kann sich bei unzureichenden Kühlung vorübergehend abschalten.

Ein bestehender Solarmodulstrang kann im Prinzip mit beliebigen Solarmodulen erweitert werden, solange der **tatsächliche Nennstrom** der neuen Module nicht niedriger als der Nennstrom des bestehenden Solarmodulstrangs ist.

Beträgt der Nennstrom des bestehenden Modulstrangs laut technischer Daten der Module z. B. 3,75 Ampere, müssten die zusätzlich angereihten Solarmodule diesen Nennstrom auch tatsächlich liefern können. Andernfalls verringern die neuen Solarmodule – oder einer dieser Module – den Solarstrom des ganzen Strangs nach Abb. 5.6b.

Das in Abb. 5.6b dargestellte Risiko könnte dadurch verringert werden, dass z. B. die zugekauften Solarmodule für den gleichen Nennstrom ausgelegt sind, aber eine Toleranz von z. B. nur ±2 % haben. In der Praxis geht man jedoch den Weg des geringeren Widerstands und gibt Solarmodulen den Vorrang, deren Nennstrom höher ist und z. B. 4 A beträgt.

Die eigentliche Nennspannung und die Nennleistung der zusätzlichen Solarmodule können bei einer solchen Anlagenerweiterung beliebig gewählt werden, solange sie angemessen unterhalb der Werte bleiben, die der Wechselrichter verkraftet. Die Ausgangsnenn-

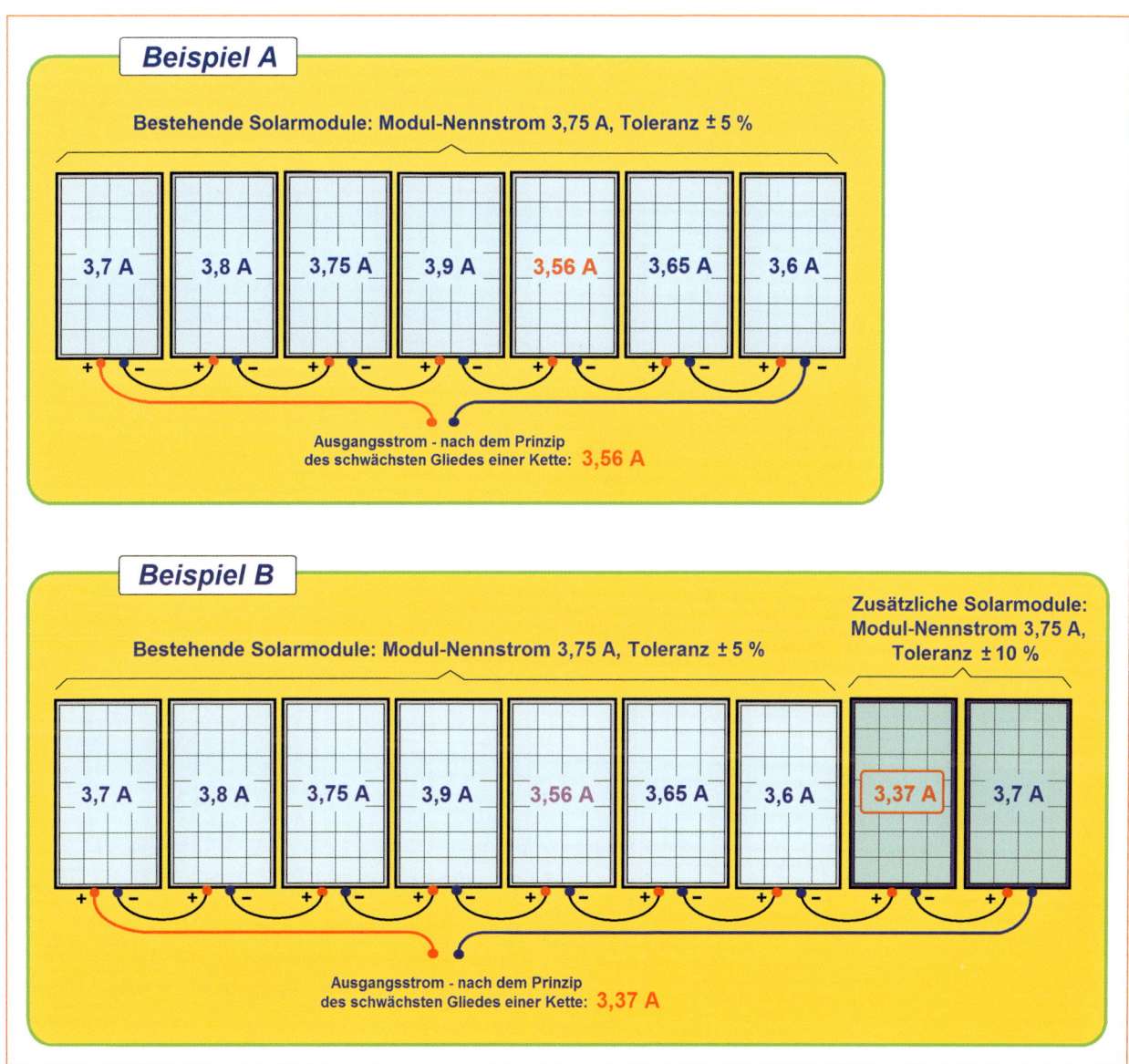

Abb. 5.6 – Der tatsächliche Nennstrom des bestehenden Solarmodulstrangs darf nicht durch seine Erweiterung in Mitleidenschaft gezogen werden: **a)** Bei dem bestehenden Solarmodulstrang bestimmt das Solarmodul mit dem niedrigsten Strom den Ausgangsstrom; **b)** Ist der tatsächliche Nennstrom eines der zusätzlichen Solarmodule niedriger als der Nennstrom des bereits bestehenden Solarmodulstrangs, drosselt er den Ausgangsstrom ab.

5.2 Verlängerung des Solarmodulstrangs

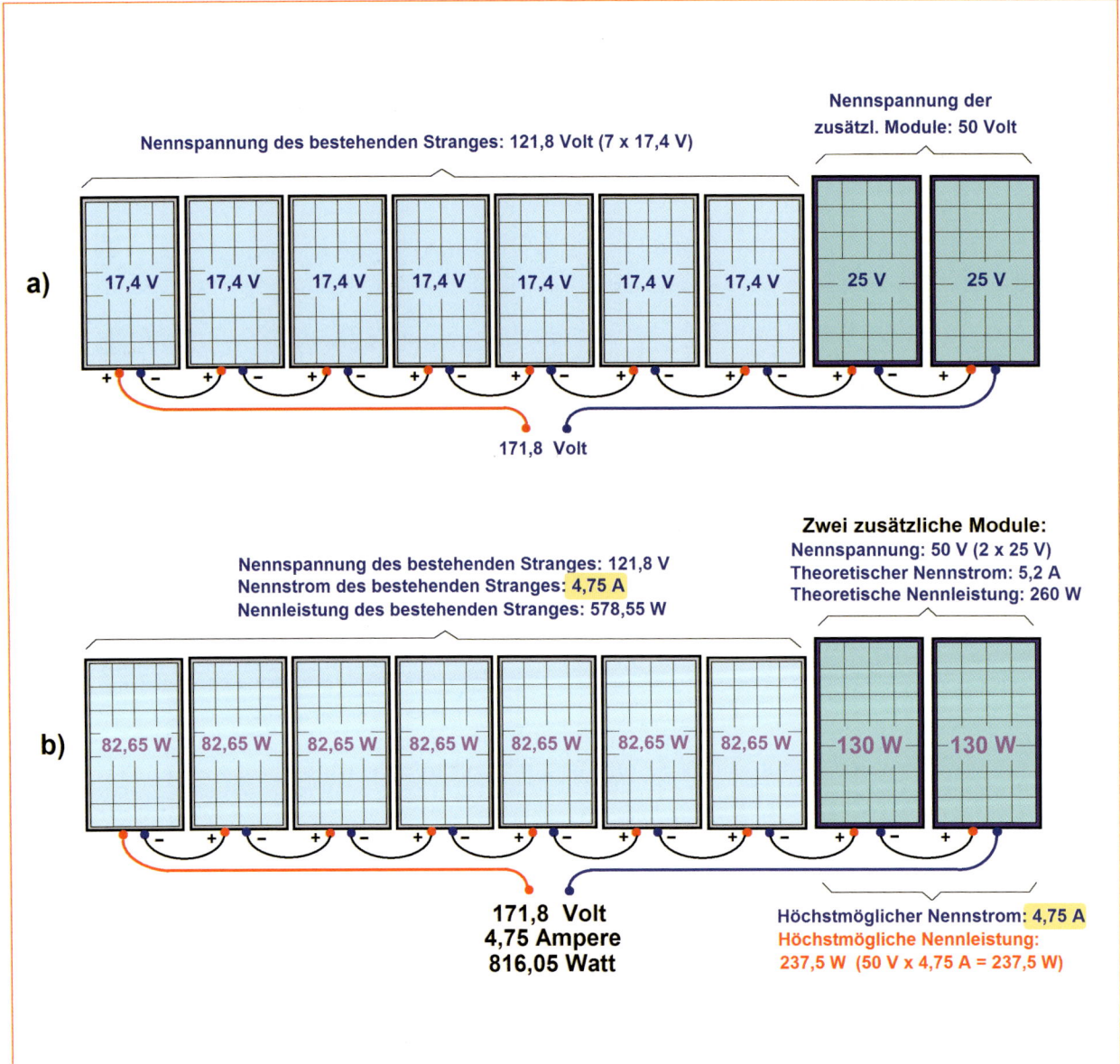

Abb. 5.7 – Beispiel einer Erweiterung der Photovoltaikanlage um zwei neue Solarmodule: **a)** Die Spannungen aller Solarmodule addieren sich; **b)** die offizielle Nennleistung der neuen Solarmodule addiert sich nicht in voller, sondern nur in anwendbarer Höhe zur Nennleistung des bestehenden Modulstrangs.

5.2 Verlängerung des Solarmodulstrangs

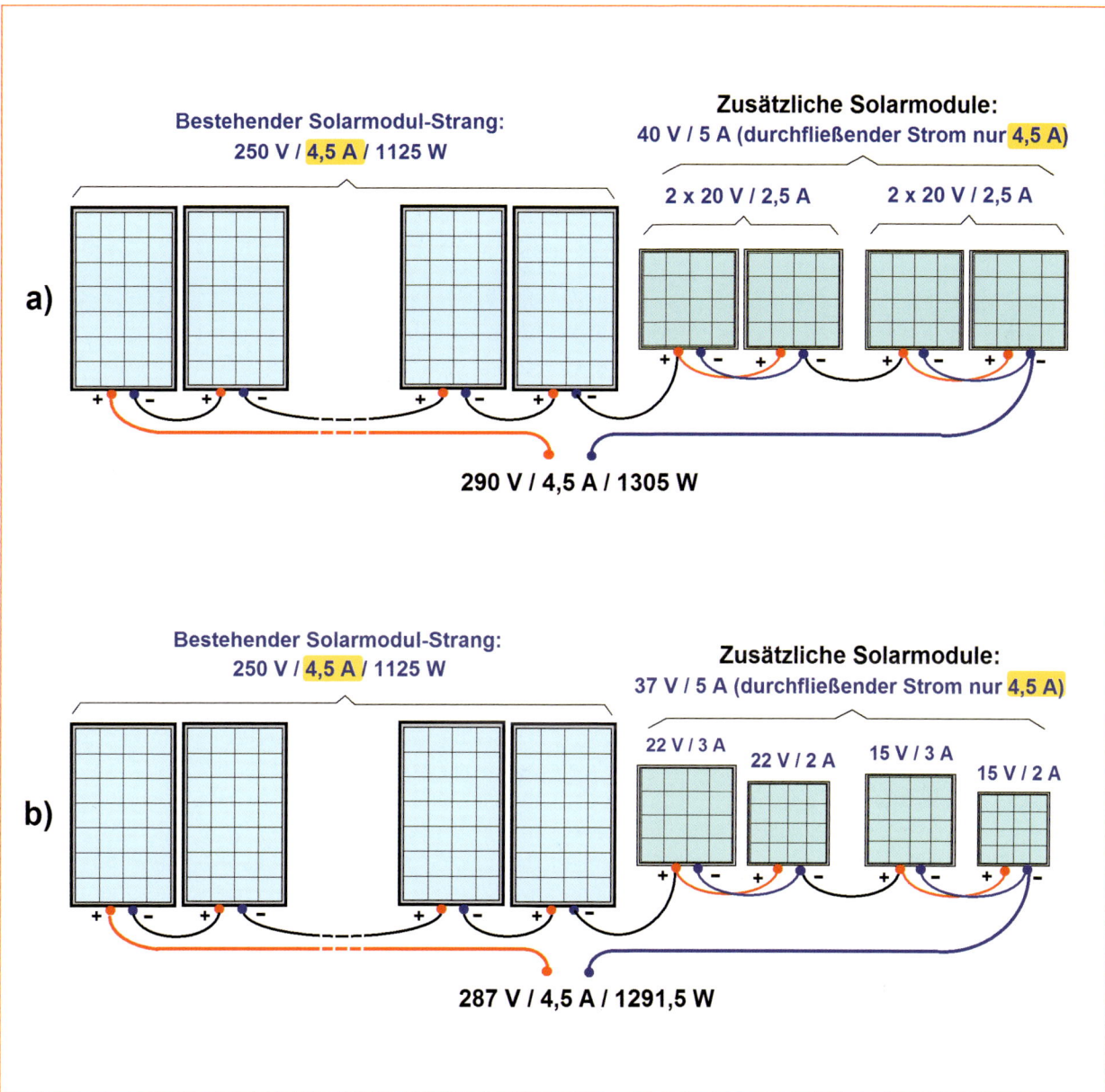

Abb. 5.8 – Zusätzliche Solarmodule dürfen auch parallel verschaltet werden: **a)** zusätzliche Module gleicher Ausführung; **b)** zusätzliche Module unterschiedlicher Größe.

5.2 Verlängerung des Solarmodulstrangs

spannung eines erweiterten Solarmodulstrangs steigt nach dem Beispiel in Abb. 5.7 einfach um die Nennspannung der neuen Solarmodule. Zu achten ist lediglich darauf, dass dabei die Solarspannung nicht höher wird, als es der PV-Spannungsbereich des Wechselrichters erlaubt.

In Beispiel in Abb. 5.7b sind zwei zusätzliche Solarmodule eingezeichnet, die für einen höheren Nennstrom ausgelegt sind als die bestehenden Solarmodule. Damit verringert sich zwar das Risiko, dass der tatsächliche Nennstrom dieser neuen Module niedriger sein könnte als der Ausgangsstrom der bestehenden Module und dass dadurch der Strom des ganzen Strangs unnötig reduziert wird. Es bleibt allerdings eine Kostenfrage, wie großzügig solche zusätzliche Solarmodule in Bezug auf ihre Nennstrom überdimensioniert werden. Unbedingt notwendig ist eine solche Lösung nicht, aber sie bietet sich an, wenn exakt baugleiche Solarmodule nicht (mehr) erhältlich sind.

Durch überdimensionierte Solarmodule wird dann jedoch nur der Strom des bereits bestehenden Modulstrangs fließen. Damit reduziert sich automatisch auch die Leistung der neuen Module, die sich einfach aus der Formel *Strom × Spannung* ergibt. Die eigentliche Modulnennspannung bleibt zwar unverändert, aber die vom Modul gelieferte Leistung verringert sich dadurch, dass die Modulnennspannung nur mit dem „durchfließenden" Solarstrom (in diesem Beispiel mit 4,75 Ampere) multipliziert wird. Das Ergebnis zeigt allerdings auch hier nur die rein theoretischen Nennwerte des Systems, die in der Praxis durch Aufwärmen der Solarzellen sinken (siehe Tab. 1 bis 5 in Kapitel 4).

Wenn es die Gegebenheiten zulassen, können die Spannung und die Leistung einer Photovoltaikanlage

auch nur mit mehreren kleineren Solarmodulen erhöht werden, die nach Abb. 5.8 parallel verschaltet sind. Parallel dürfen nur zwei (oder z. B. auch drei) Solarmodule verbunden werden, deren tatsächliche Spannung identisch ist oder die einfach exakt baugleich sind, wie Abb. 5.8a zeigt. Prinzipiell dürften auch Module unterschiedlicher Bauart und Leistung parallel betrieben werden, wenn ihre Spannungen identisch sind (Abb. 5.8b). Wir haben hier gezielt in beiden Beispielen den Nennstrom der zusätzlichen Solarmodule etwas höher gewählt, um zu verhindern, dass sie den Solarstrom des ursprünglichen Modulstrangs drosseln. Auch hier erhöht sich dann die Ausgangsleistung des verlängerten Modulstrangs nur nach der Formel *durchfließender Strom × Modul-Nennspannung* (Abb. 5.8).

Die zusätzlich installierten Solarmodule sollten nach Möglichkeit die gleiche Ausrichtung erhalten wie die bereits bestehenden Module. Auch wenn diese Module mit Bypass-Dioden versehen sind, verursacht eine abweichende Ausrichtung unerwünschte energetische Verluste. Das Gleiche gilt für Standorte, an denen die zusätzlichen Module z. B. teilweise oder vorübergehend beschattet werden.

Bei der Verlängerung eines Solarmodulstrangs ist darauf zu achten, dass dabei die theoretische Solarnennleistung durch die Zuschaltung weiterer Solarmodule mindestens um ca. 20 % niedriger bleibt als die maximale PV-Leistung des Wechselrichters – es sei denn, der Hersteller des Wechselrichters hat eine ausreichende Reserve eingebaut und daher gegen eine höhere Eingangsnennleistung (evtl. bis zum angegebenen Maximum) nichts einzuwenden. Besprechen Sie bei Bedarf Ihre Planung mit einem Techniker des Wechselrichterherstellers oder Importeurs.

6   Wissenswertes über Solarzellen

Solarzellen – und damit auch mit Solarzellen bestück-te Module – unterscheiden sich von Batterien da-durch, dass ihre jeweilige Spannung und Leistung von der Belichtung ihrer lichtempfindlichen Fläche abhän-gen. Die Spannung, die in einer Solarzelle entsteht, hängt immer von dem jeweiligen Einfall der Photonen ab und kann in der Zelle auf keine Weise gespeichert werden.

   Als Nächstes stellt sich die Frage, welche der han-delsüblichen Solarzellen für ein Vorhaben am besten geeignet sind. Das Angebot an Solarzellen als Solar-

6 Wissenswertes über Solarzellen

modul-Bausteine beschränkt sich immer noch auf kristalline und amorphe (Dünnschicht-) Solarzellen. Für die meisten langlebigen Anwendungen kommen nur kristalline Silizium-Solarzellen infrage. Amorphe Dünnschichtzellen haben einen relativ niedrigen Wirkungsgrad und benötigen, im Vergleich mit kristallinen Solarzellen (oder Solarmodulen), eine mehr als doppelt so große Fläche für die gleiche solarelektrische Leistung. Zudem weisen manche dieser Module eine gewisse „Ermüdung" auf, die zur Folge hat, dass bereits nach einem Jahr ihre Leistung merkbar sinkt und danach von Jahr zu Jahr weiterhin leicht nachlässt. Daher

eignen sich diese Module im Außenbereich bevorzugt nur für experimentelle Zwecke.

Der Aufbau einer kristallinen Silizium-Solarzelle ist prinzipiell identisch mit dem Aufbau einer Siliziumdiode: Eine dünne *Negativ-* und eine dickere *Positivschicht* bilden nach Abb. 6.1 zwei unterschiedlich dotierte Halbleiterteile, die bei Belichtung zu Potenzialfeldern werden.

Die *Negativschicht* der Solarzelle bildet den Minuspol, die *Positivschicht* den Pluspol. Die Spannung und die Leistung der Zelle hängen von der Lichtintensität ab, der die obere Zellenschicht ausgesetzt ist. Bei abso-

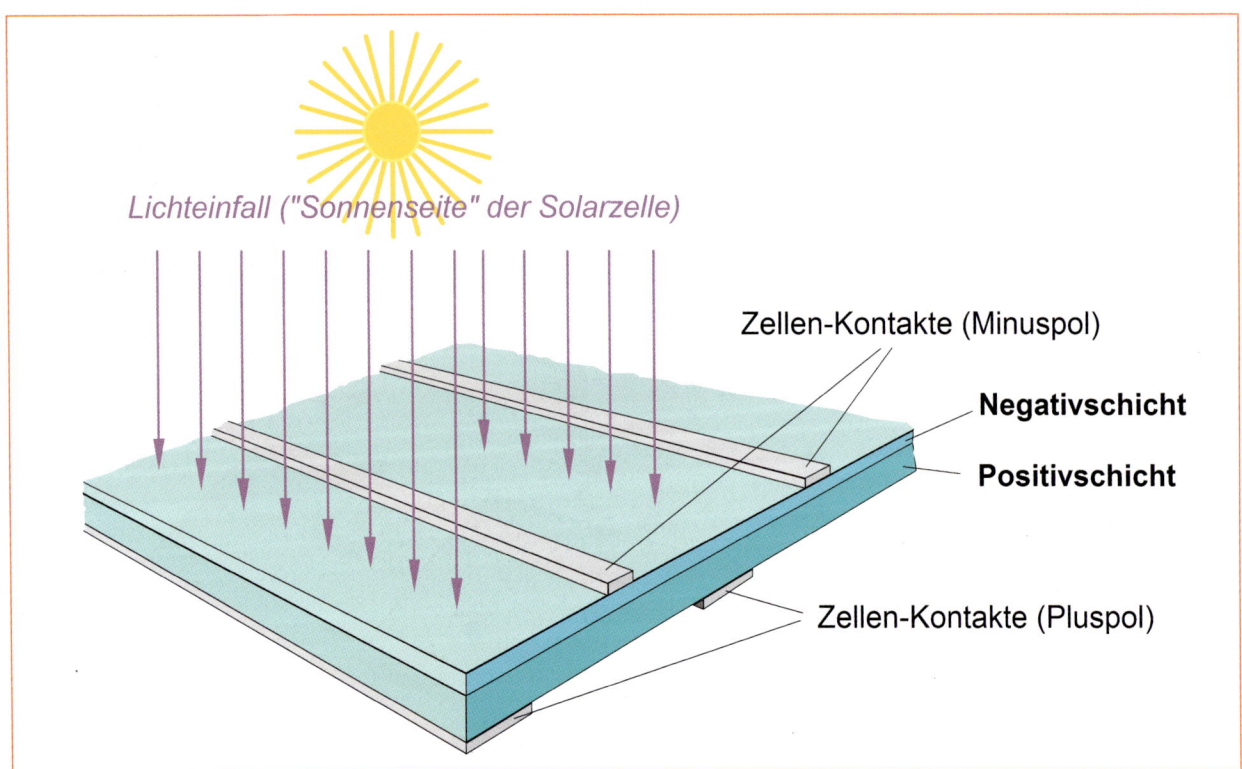

Lichteinfall ("Sonnenseite" der Solarzelle)

Zellen-Kontakte (Minuspol)

Negativschicht

Positivschicht

Zellen-Kontakte (Pluspol)

Abb. 6.1 – Eine herkömmliche kristalline Solarzelle im Schnitt (stark vergrößert; tatsächlich ist eine solche Zelle nur ca. 0,15 bis 0,3 mm dick).

luter Dunkelheit weist die Solarzelle kein Potenzial auf.

Theoretisch spielt es an sich keine Rolle, welche der Zellenschichten als die obere (Sonnen-)Seite bevorzugt wird. Auf jeden Fall muss aber die obere *Negativschicht* sehr dünn sein (ca. 0,02 mm), denn der funktionell wichtige n/p-Übergang darf nicht zu tief unter der vom Licht bestrahlten Oberfläche liegen.

Die Sonnenseite der Zelle wird üblicherweise mit einer zusätzlichen Antireflexschicht versehen (z. B. mit Titandioxyd), um Reflexionsverluste zu vermeiden. Für einen hohen Umwandlungswirkungsgrad der Solarzelle ist es schließlich wichtig, dass möglichst viele Photonen (Sonnenstrahlen), mit denen die *n-Schicht* bombardiert wird, auch in den Halbleiter eindringen.

Handelsübliche kristalline Solarzellen gibt es in zwei Ausführungsarten: **monokristalline Zellen** und **polykristalline (multikristalline) Zellen**. Bei der Herstellung *monokristalliner* Zellen werden monokristalline Blöcke „gezogen" und mit etwa 0,5 mm dünnen Diamantsägen oder Laserstrahlen in dünne Scheiben zersägt. Das gleiche monokristalline Grundmaterial wird bereits traditionell in der Halbleitertechnik bei der Herstellung

von Dioden, Transistoren und integrierten Schaltungen (Chips) verwendet. Ausgangsmaterial sind hier Quarzsand oder auch natürliche Quarzkristalle.

In einem Ofen wird aus dem Grundmaterial durch Reduktion mit Kohle ein metallurgisch reines Silizium gewonnen. Dieses weist allerdings immer noch etwa 2 % Verunreinigungen auf, die durch weiteres aufwendiges Verarbeiten (Reduktion mit Salzsäure und Destillation) ausgeschieden werden müssen. Erst danach hat man hochreines Silizium zur Verfügung, das jedoch *polykristallin* ist.

Dies bedeutet, dass hier sehr viele kleine ungeordnete Kristalle die eigentliche Substanz des Siliziummaterials bilden. Wenn man daraus eine *monokristalline* Struktur gewinnen möchte, müssen diese polykristallinen „Barren" in einem Tiegel nochmals eingeschmolzen werden. Unter langsamem axialem

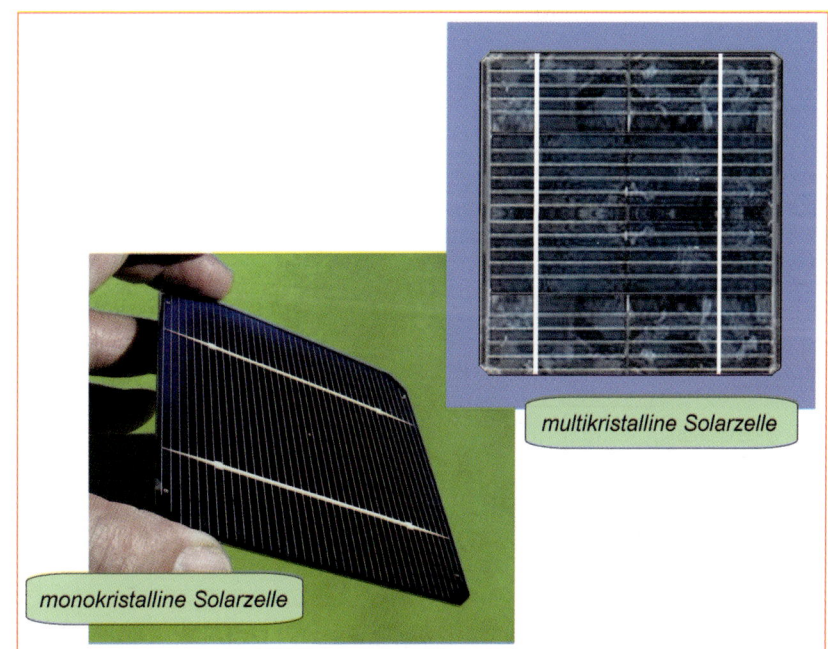

multikristalline Solarzelle

monokristalline Solarzelle

Abb. 6.2 – a) Monokristalline Solarzellen haben eine einheitliche dunkelblaue Oberfläche, die im Licht hellblau schimmert. **b)** Die Oberfläche der multikristallinen (polykristallinen) Solarzellen weist eine marmorierte Eisblumenstruktur auf, die im Licht silbrig-bläulich schimmert.

Drehen wird aus dieser Schmelze ein monokristalliner „Balken" gezogen. Ein solcher Balken besteht danach nur aus einem einzigen Kristall (daher die Bezeichnung *monokristallin*) und kann beispielsweise eine Länge von bis zu 2 m haben.

Bei der Herstellung *polykristalliner* Zellen (die auch *multikristalline Zellen* genannt werden) wird flüssiges Silizium in Stahlformen gegossen. Es bildet nach der Erstarrung die typische marmorierte Eisblumenstruktur nach Abb. 6.2b. So entstehen auch hier Siliziumblöcke, die

ebenfalls in dünne Scheiben zersägt werden.

Zur Herstellung amorpher Dünnschichtzellen und Dünnschichtsolarmodule (Abb. 6.4) wird auf eine Glas- oder Kunststoffplatte eine nur wenige tausendstel Millimeter dünne Siliziumschicht aufgedampft.

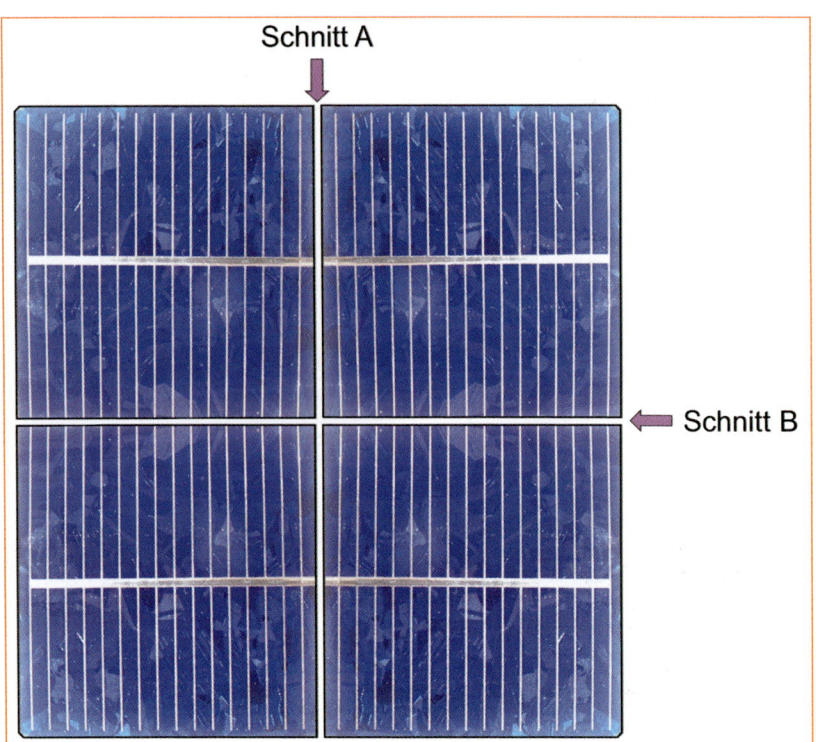

Abb. 6.3 – Die aus dem „Balken" geschnittenen Solarzellen haben eine maximale Größe von ca. 100 × 100 bis 155 × 155 mm, werden jedoch für die Bestückung kleinerer Solarmodule in kleinere Zellen (oft in zwei bis vier Teile) zerschnitten.

Abb. 6.4 – Ausführungsbeispiel einiger amorphen Dünnschicht-Solarmodule. (Foto: Conrad Electronic)

6.1 Welche Solarzellen sind die besten?

Monokristalline Solarzellen weisen einen etwas höheren Wirkungsgrad auf als **polykristalline Solarzellen**. In den letzten Jahren wurden die eigentlichen Herstellungsverfahren bei kristallinen Zellen weitgehend modernisiert. Bei der Herstellung *monokristalliner* Solarzellen haben sich diverse Vereinfachungen ergeben, bei den *polykristallinen* Solarzellen wurde wiederum die Herstellungstechnologie perfektioniert. Die Unterschiede zwischen dem Wirkungsgrad der mono- und der polykristallinen Zellen wurden geringer. So gibt es momentan hersteller- oder lieferantenbezogen so manche polykristallinen Solarzellen, die es vom Wirkungsgrad her mit den monokristallinen Zellen aufnehmen können. Herstellerbezogen halten sich die Parameter von Solarzellen und Solarmodulen in Grenzen zwischen ca. ±1 %, und ±10 %. Diese großen Unterschiede sollten vor allem dann nicht unterschätzt werden, wenn man mehrere Solarmodule in Reihe schalten möchte, denn eine einzige schwache Zelle im Solarmodul bestimmt nach dem Beispiel in Abb. 1.2/Kapitel 1 den Ausgangsstrom des Moduls und somit seine Ausgangsleistung.

Die Streuung der technischen Zellenparameter hängt in der Praxis oft auch davon ab, ob der Kunde bereit ist, für vorselektierte Solarzellen einen Aufpreis zu zahlen. Bei jeder elektrischen Energiequelle interessieren vor allem die Spannungs- und Stromwerte wie auch die Bedingungen, unter denen man elektrische Energie abnehmen kann oder darf. Alle technischen Angaben basieren bei Solarzellen – ähnlich, wie bei den meisten Solarmodulen – auf folgenden internationalen Standardtestbedingungen: Sonneneinstrahlung von 1.000 W/m² (wolkenloser Tag), Spektralverteilung von AM 1,5 (die Photonen treffen senkrecht die Zellenfläche) und Zellentemperatur von 25 °C. Das sind Bedingungen, die in Deutschland nur an sonnigen Sommertagen vorzufinden sind. Dabei kann es sogar auch im Dezember oder im Januar um die Mittagszeit sonnige Tage geben, an denen die Sonneneinstrahlung nur geringfügig unterhalb der Testbedingungen liegt.

Die Herstellerangaben der Zellenparameter beziehen sich auf technische *Maximalwerte*, die auch als *Nennwerte* bezeichnet werden. Manche Hersteller und Anbieter benutzen auch die Bezeichnung *Werte bei max. Leistung*. Alle diese Bezeichnungen haben die gleiche Bedeutung und basieren auf Messungen, die nur unter den Standardtestbedingungen erzielt werden.

Die wichtigsten technischen Daten einer Solarzelle sind:

- **Nennspannung (Spannung bei max. Leistung)**
- **Nennstrom (Strom bei max. Leistung)**
- **Nennleistung (max. Leistung)**
- **Leerlaufspannung**
- **Kurzschlussstrom**
- **Wirkungsgrad**

Die **Nennspannung** liegt bei monokristallinen Zellen zwischen ca. 0,47 und 0,48 V, bei polykristallinen Zellen zwischen ca. 0,46 und 0,47 V. Sie ist weitgehend unabhängig von der Zellengröße (siehe auch Tab. 6 und 7 auf Seite 84/85). Wird eine Solarzelle in zwei oder mehrere kleine Stücke zerbrochen, werden ihre Bruchstücke weiterhin annähernd die gleiche Spannung liefern, die ursprünglich die ganze Zelle hatte (Abb. 6.5). Das gilt natürlich auch für Zellen, die in kleinere Stücke zerschnitten werden. Der Zellennennstrom verteilt sich dabei proportional zur Zellenfläche: Wird z. B. eine **0,47 V-/3,2 A**-Solarzelle in vier gleiche Teile zerschnitten, entstehen vier kleine „Einzelzellen" von **0,47 V/0,8 A**.

Der **Nennstrom** einer Solarzelle hängt von ihrer Größe und ihrem Wirkungsgrad ab. Viele handelsüb-

6.1 Welche Solarzellen sind die besten?

liche Solarzellen haben eine Solar-fläche von nur etwa 1 dm² (100 cm²) und ihr Nennstrom liegt bei etwa 2,9 bis 3,29 A (typen- oder marken-abhängig). In letzter Zeit mehren sich jedoch Angebote an größeren Solarzellen. Die momentan größten Abmessungen liegen bei ca. 155 × 155 mm. Solche Zellen können einen Nennstrom von ca. 5 bis 6 A liefern.

Die **Nennleistung** wird bei allen Solarzellen als reine Multiplikation von Nennspannung und Nennstrom errechnet und benötigt keine nähere Erklärung.

Erklärungsbedürftig ist die **Leerlaufspannung**. Darunter versteht man die Spannung an einer unbelasteten Zelle. Bei den meisten kristallinen Zellen ist die Leerlaufspannung typenabhängig etwa 20 bis 26 % höher als die Nennspannung. Der Spannungsbereich zwischen der Nennspannung und der Leerlaufspannung stellt keine „Entweder-oder-Festgrenzen" dar, sondern eine „flexible Zone": Sobald ein Solarmodul nicht voll belastet wird, steigt seine Spannung in Richtung der Leerlaufspannung. Diese Eigenheit

erweist sich als Vorteil beim Laden eines Akkus: Wenn die Sonnenintensität etwas schwächer wird und der Akku nicht mehr den vollen Ladestrom bezieht (da er bereits etwas nachgeladen wurde), steigt die Modulausgangsspannung und der Akku wird weiterhin geladen.

Der **Kurzschlussstrom** ist bei den meisten kristallinen Zellen nur etwa 6 bis 12 % höher als der Nennstrom. Ein vorübergehender Kurzschluss an einer Solarzelle führt demzufolge nicht zu ihrer Vernichtung oder Beschädigung – vorausgesetzt, wir geben ihr nicht die

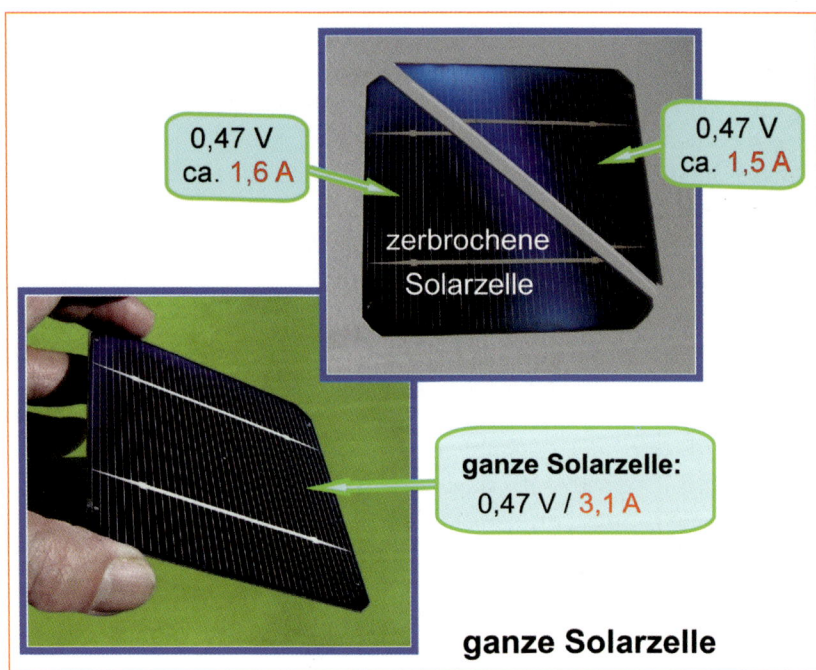

ganze Solarzelle

Abb. 6.5 – Eine Verkleinerung der „aktiven" Fläche einer Solarzelle hat praktisch keinen Einfluss auf die Zellenspannung, sondern nur auf den Zellenstrom.

6.1 Welche Solarzellen sind die besten?

Zeit, sich zu sehr aufzuheizen. Die meisten der Standard-Solarzellen verkraften im Durchschnitt Temperaturgrenzen zwischen ca. -40 und +125 °C und können sich sogar noch stärker erhitzen, ohne dadurch einen Schaden zu erleiden. Bei eingebetteten Zellen im Modul wird jedoch bei zu intensiver Wärmeentwicklung so manche Vergussmasse oder Abdichtfolie in Mitleidenschaft gezogen, was zu Blasenbildung, Schleierbildung oder Verfärbung der Masse führen kann. Das Solarmodul ist dann irreparabel beschädigt und liefert eventuell nur noch sehr geringen Strom.

Der in den technischen Daten angegebene Kurzschlussstrom kommt natürlich nur bei einer Zelle vor, die laut Testbedingungen voll beleuchtet ist. Wenn dagegen die Sonneneinstrahlung beispielsweise nur etwa 900 statt 1.000 W/m² erreicht, liegt der Kurzschlussstrom bereits unterhalb des gefährlichen Zellennennstroms und die Zelle wird sich nicht mehr aufheizen als während eines Normalbetriebs bei voller Leistungsabgabe.

Fazit

Durch den relativ niedrigen Kurzschlussstrom kann eine Solarzelle (oder ein Solarmodul) bei einem Kurzschluss nur dann beschädigt oder vernichtet werden, wenn sie (es) längere Zeit einer vollen Sonneneinstrahlung von 1.000 W/m² ausgesetzt ist.

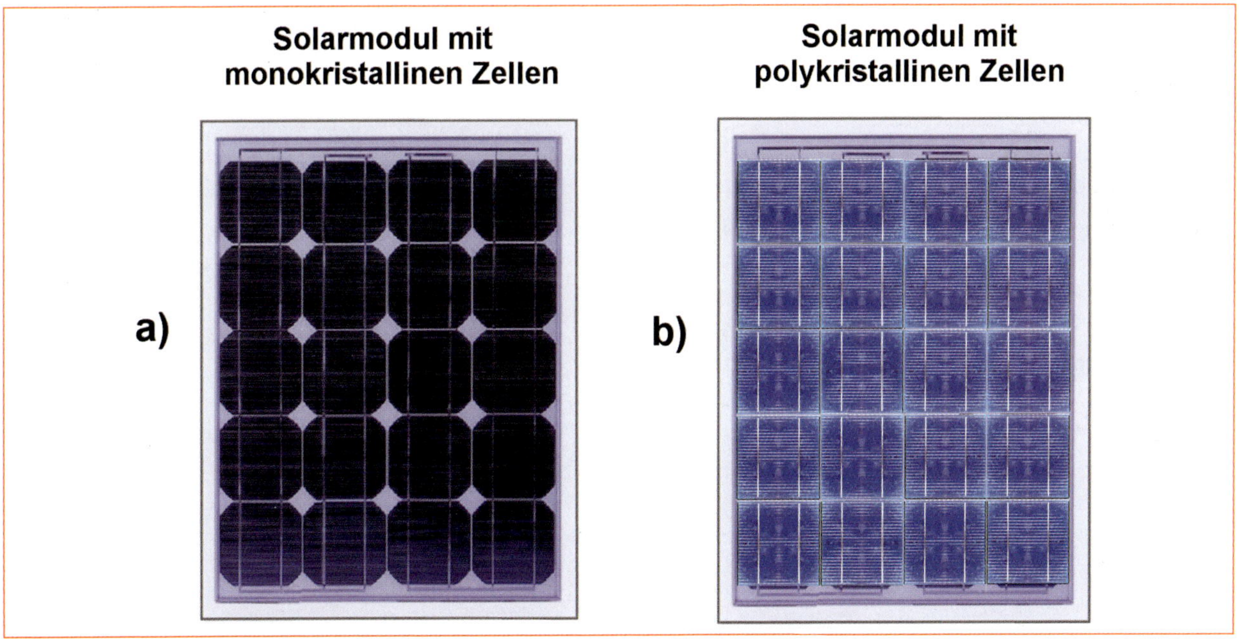

Solarmodul mit monokristallinen Zellen

a)

Solarmodul mit polykristallinen Zellen

b)

Abb. 6.6 – a) Monokristalline Solarzellen haben im Vergleich mit polykristallinen Zellen stärker abgerundete Ecken, was in Solarmodulen, die mit diesen Zellen bestückt sind, größere Leerräume verursacht, wodurch der Vorteil des höheren Wirkungsgrades dieser Zellen teilweise verloren geht; **b)** polykristalline Solarzellen haben relativ spitze Ecken und können daher in den Modulen raumsparender als die monokristallinen Zellen angeordnet werden.

6.2   Der Solarzellen-Wirkungsgrad

Der *Solarzellen- und Solarmodul-Wirkungsgrad* wird auch als *Umwandlungs-Wirkungsgrad* bezeichnet, weil er angibt, wie viel Prozent der einwirkenden Strahlungsenergie (Sonnenstrahlungsenergie) in Form von elektrischem Strom abgegeben wird. Für die Anwender ist vor allem der Wirkungsgrad der Solarmodule von Bedeutung, denn dieser variiert in letzter Zeit typenbezogen in sehr breiten Grenzen.

Die modernsten handelsüblichen Solarmodule weisen herstellerabhängig gegenwärtig (weltweit) folgenden Wirkungsgrad auf:

- Module mit monokristallinen Solarzellen:
  ca. 10,4-19,3 %*
- Module mit polykristallinen Solarzellen:
  ca. 10,0-17,2 %
- Module mit amorphen Dünnschichtzellen:
  ca. 2,3-8 %

* Einen Wirkungsgrad von 19,3 % erreichen momentan nur die speziellen Solarmodule der Sunpower-Corporation (USA). Die Oberfläche der Zellen ist mit winzigen Pyramiden strukturiert und zudem befinden sich alle Zellenkontakte (sowohl der Plus- als auch der Minuspol) nur auf der Zellenrückseite. Die ganze Fläche der Zellensonnenseite kann somit von der Sonne voll bestrahlt werden und die Zwischenräume zwischen den Zellen können sehr klein gehalten werden, da alle elektrischen Zellenverbindungen an der Rückseite verlaufen.

Der Wirkungsgrad eines Solarmoduls hängt nicht nur von dem Wirkungsgrad der eigentlichen Zellen, sondern auch von den Zwischenräumen zwischen den Zellen und von der Breite des Rahmens ab.

Der Wirkungsgrad der mono- und polykristallinen Solarzellen bleibt während der ersten 20 Betriebsjahre fast unverändert. Mit dem Wirkungsgrad der amorphen Dünnschichtzellen geht es besonders bei der Außenanwendung oft bereits nach kurzer Betriebszeit (manchmal sogar von weniger als einem Jahr) bergab. Dies kann zwar herstellerabhängig (oder auch abhängig von der Art und Dauer der vorhergehenden Lagerung) variieren, aber der Anwender hat bei der Anschaffung eines solchen Moduls keine Möglichkeit, die tatsächliche Leistung ausreichend objektiv zu testen.

Inwieweit bei den kristallinen Solarzellen der Wirkungsgrad eine wichtige Rolle spielt, hängt vor allem vom Einsatzgebiet ab. Dem Wirkungsgrad muss nicht immer ein zu hoher Stellenwert zugemessen werden. Schon unsere normalen Glühbirnen weisen in der Gegenrichtung oft nur einen Wirkungsgrad um die 4

Wichtig

Den Wirkungsgrad eines Solarmoduls können Sie selbst ausrechnen, wenn Sie die in den technischen Daten angegebene *Nennleistung* des Solarmoduls auf seine Fläche umrechnen und dieses mit den laut Testbedingungen aufgeführten 1.000 W/m² (10 W/dm² bzw. 0,1 W/cm²) vergleichen.

Beispiel

Die Nennleistung eines 1.476 × 660 mm großen monokristallinen Solarmoduls beträgt laut Datenblatt 120 Watt (Wp). Umgerechnet in m²: 1,476 m × 0,66 m = 0,974 m² Modulfläche. Der Einfachheit halber wird auf 1 m² aufgerundet. Das Solarmodul liefert ersichtlich pro 1 m² Fläche eine Leistung von 120 Watt. Ausgehend von den 1.000 Watt der Sonnenstrahlung (laut internationalen Testbedingungen) liegt hier der Wirkungsgrad dieses Moduls bei exakt 12 % (120 Watt sind 12 % von 1.000 Watt).

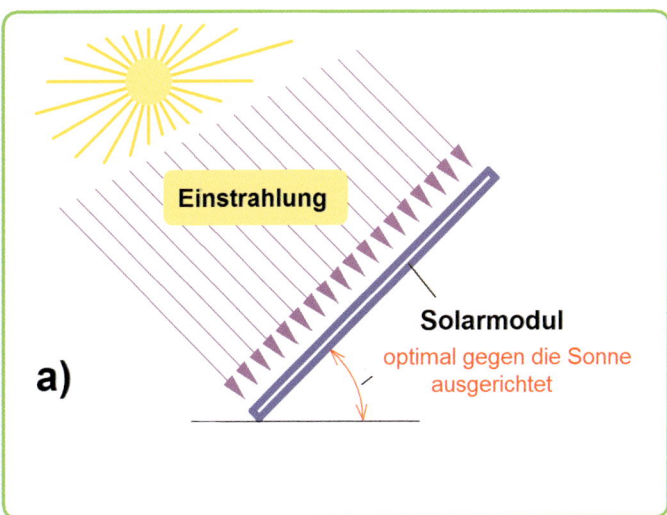

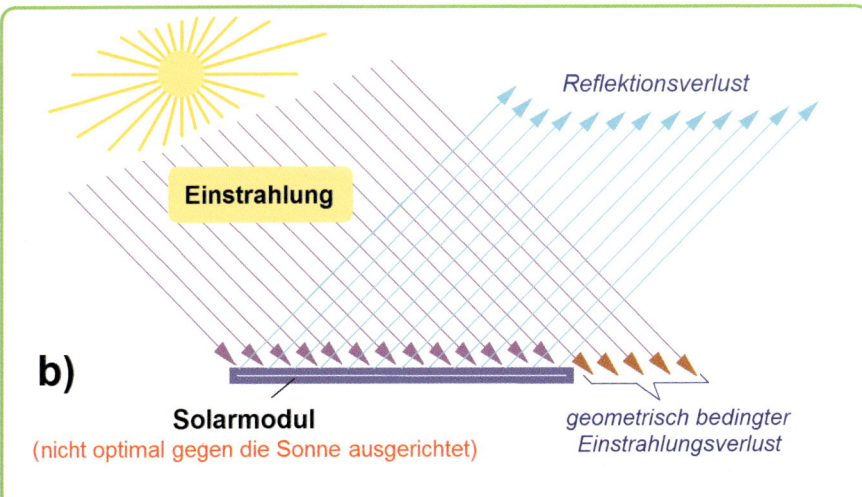

bis 5 % auf – die restlichen 95 bis 96% der verbrauchten Energie wandeln sie in Wärme um. Ein möglichst hoher Wirkungsgrad eines Solarmoduls oder der für ein Vorhaben vorgesehenen Solarmodule ist zwar ein wichtiger Parameter, aber wirklich wichtig ist er nur dann, wenn aus Platzmangel (z. B. am Dach) auf eine hohe Leistung pro Quadratmeter gesteigerter Wert gelegt wird.

Im Gegensatz zu anderen technischen Anlagen und Maschinen ist der Solarzellen- oder Solarmodul-Umwandlungswirkungsgrad keine Konstante, mit der sich bei Nutzung der Sonnenenergie fest rechnen ließe. Es kann schließlich nur dann umgewandelt werden, wenn die Sonne – oder zumindest genügend Tageslicht – vorhanden ist. Die Natur hält sich dennoch in längeren Zeitabschnitten an ein Schema, mit dem sich kalkulieren lässt. Man muss dabei nur die richtigen Schnittstellen zwischen dem Spendenumfang der Natur und dem Energiebedarf der technischen Verbraucher finden.

Abb. 6.7 – Die optimale Nennleistung wird bei einer Solarzelle – oder Solarzellenfläche – nur dann erreicht, wenn diese exakt axial gegen die Strahlungsrichtung der Photonen (der Lichtquelle) ausgerichtet ist: **a)** optimale Ausrichtung; **b)** ungünstige Ausrichtung, bei der sowohl die Reflexionsverluste als auch die geometrisch bedingte geringere Strahlungsdichte eine Leistungsverringerung zur Folge haben.

6.2 Der Solarzellen-Wirkungsgrad

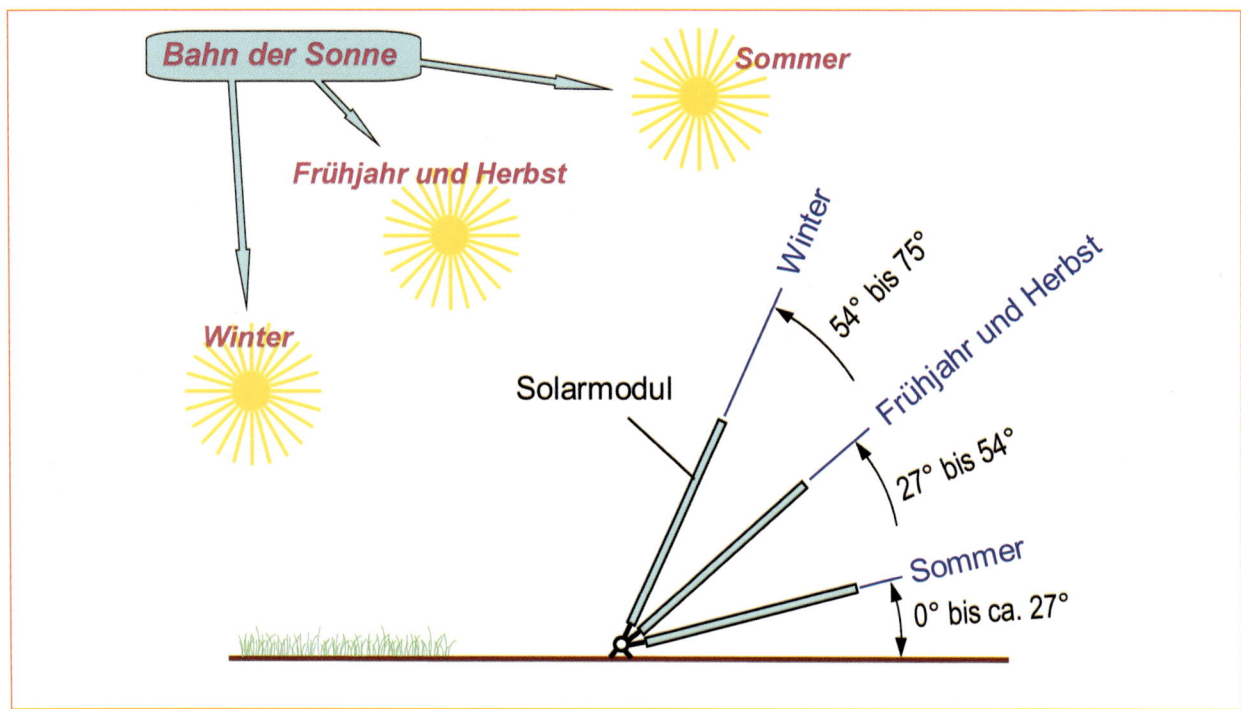

Abb. 6.8 – Eine jahreszeitbezogene Ausrichtung der Solarzellen zu der Sonnenbahn erhöht bekanntlich den solarelektrischen Ertrag, ist jedoch nur in speziellen Fällen oder bei kleineren autarken Solaranlagen und bei einzeln montierten Solarmodulen realisierbar.

Abmessungen [mm]	Leerlauf-spannung [V]	Kurzschluss strom [A]	Max. Leistung [W]	Spannung bei max. Leistung [V]	Strom bei max. Leistung [A]	Wirkungsgrad [%]
100,5 x 102	0,585	3,25	1,40	0,47	2,98	13,7
50,2 x 102	0,580	1,308	0,616	0,47	1,416	12,9
33,5 x 102	0,580	1,090	0,400	0,47	0,918	12,8
25,1 x 102	0,580	0,790	0,300	0,46	0,689	12,7
50,2 x 51	0,580	0,790	0,300	0,46	0,689	12,7
25,1 x 51	0,580	0,392	0,148	0,46	0,347	12,4
20,1 x 51	0,580	0,314	0,118	0,46	0,277	12,3
12,6 x 51	0,575	0,192	0,072	0,45	0,169	11,2

Tab. 6 – Technische Durchschnittsdaten polykristalliner Solarzellen unterschiedlicher Größe (Beispiel).

6.2 Der Solarzellen-Wirkungsgrad

Bemerkung

Die angegebenen Wirkungsgradgrenzen der aufgeführten Zellentypen orientieren sich in unseren Publikationen an den jeweiligen Angeboten auf dem Weltmarkt und an den neusten Datenblättern der Hersteller oder Anbieter. Durch Unterschiede in der Herstellungstechnologie ergeben sich auch hohe herstellerbezogene Wirkungsgradunterschiede bei der gleichen Zellenart. Es gibt immer noch Solarzellenhersteller, die sich mit einem relativ niedrigen Wirkungsgrad zufriedengeben, es gibt aber auch solche, die mehr versprechen als letztendlich serienmäßig realisierbar ist. Durch diese Schwankungen werden auch die in der Fachliteratur angegebenen aktuellen Solarzellen-Wirkungsgradgrenzen immer etwas variieren und sind nicht als absolute Festwerte zu betrachten.

Dass sich Solarzellen mithilfe von Diamantsägen oder mit einem Laserstrahl in beliebig kleine Stücke schneiden lassen, ist für einen kleineren Leistungsbedarf nützlich, denn der *Nennstrom* und die Nennleistung einer Solarzelle lassen sich nur durch ihr Verkleinern verringern wie aus den Tab. 6 und 7 hervorgeht.

Wie aus den Tab. 6 und 7 ersichtlich ist, kommt es besonders bei den sehr kleinen Zellen zu geringen Einbußen auch bei der Nennspannung. Bei den größeren hat die Zellenteilung auf die Zellennennspannung keinen Einfluss, wohl aber auf die anderen technischen Parameter (es hält sich jedoch in akzeptablen Grenzen).

Abmessungen [mm]	Leerlauf- spannung [V]	Kurzschluss strom [A]	Max. Leistung [W]	Spannung bei bei max. Leistung [V]	Strom bei max. Leistung [A]	Wirkungsgrad [%]
125 x 125	0,615	5,15	2,32	0,48	4,8	14,8
Ø 125	0,615	4,2	1,9	0,48	3,9	15,5
103 x 103	0,59	3,3	1,48	0,47	3,1	14,7
51,5 x 103	0,59	1,65	0,74	0,47	1,55	14,4
51,5 x 51,5	0,59	0,82	0,37	0,47	0,77	14,1
25,7 x 51,5	0,585	0,41	0,18	0,465	0,38	13,9

Tab. 7 – Technische Daten der gängigsten monokristallinen Solarzellen unterschiedlicher Größe (Beispiel).

6.2 Der Solarzellen-Wirkungsgrad

Für Solarmodule, die für größere Photovoltaikanlagen vorgesehen sind, werden normalerweise nur „ganze" Solarzellen verwendet. Solarmodule mit kleineren Zellen, worunter z. B. halbierte Solarzellen fallen, können jedoch unter Umständen z. B. im Parallelbetrieb als zusätzliche Module für die Anhebung der Solarspannung bei bestehenden Anlagen eingesetzt werden, die falsch entworfen wurden.

Abb. 6.9 – Ausführungsbeispiel eines Solarmoduls, das sich nur aus halben Solarzellen zusammensetzt: Diese Lösung wird angewendet, wenn das Modul nur einen niedrigeren Solarstrom liefern soll, der z. B. für den Antrieb eines kleinen Verbrauchers oder für das Laden eines kleinen Akkus benötigt wird.

7 Wichtige technische Parameter der Solarmodule

Die meisten Photovoltaikanlagenbetreiber interessiert hauptsächlich die elektrische Leistung, die von den Solarmodulen erbracht und ins öffentliche Netz eingespeist wird. Wer jedoch Wert darauf legt, über die Funktion seiner Anlage zumindest einigermaßen im Bilde zu sein oder wer wissen möchte, wie der Ertrag seiner Anlage optimiert werden kann, sollte gewisse Zusammenhänge der technischen Parameter kennen.

Die theoretische **Nennleistung** der Solarmodule, die oft auch als **Leistung bei max. Belastung** oder als **maximale Leistung P_{max}** bezeichnet wird, finden Sie in den technischen Unterlagen Ihrer Photovoltaikanlage. Sie wird in Watt (W) angegeben, wobei in der Solarelektrik zum Watt-Zeichen noch ein, tiefgestelltes „P" angehängt wird. Also wird die Leistung eines 100-Watt-Solarmoduls mit *100 W_P* angegeben. Das zusätzliche „P" hinter den Watt darf man als einen Hinweis darauf betrachten, dass es sich bei dieser Leistung nicht um eine konstante, sondern nur um eine maximal erzielbare und von vielen Faktoren abhängige Leistung handelt.

Die Nennleistung einer Photovoltaikanlage resultiert aus den Nennleistungen einzelner Solarmodule. Die Leistungen aller einzelnen Solarmodule addieren sich. Vorausgesetzt natürlich, alle Solarmodule – oder alle Solarmodule einzelner Stränge – haben identische Nennleistungen.

Besteht eine Photovoltaikanlage, die auch als *solarelektrischer Generator* bezeichnet werden kann, z. B. aus fünfzehn Solarmodulen à 100 W_P, beträgt ihre nominale Gesamtnennleistung 1.500 Watt (15 × 100 W = 1.500 W).

Die vom Hersteller angegebene Toleranz der Solarmodule finden Sie in den Datenblättern Ihrer Solarmodule. Die Toleranz der meisten der handelsüblichen Solarmodule beträgt durchschnittlich ±2 %, ±3 %, ±5 % oder ±10 %. Es gibt aber auch Solarmodule, deren Toleranz nur mit ±1 % angegeben wird.

Sind auf Ihrem Dach Solarmodule montiert, deren Toleranz (Leistungstoleranz) laut Hersteller „stolze" ±10 % beträgt, dürften Sie davon ausgehen, dass die tatsächliche Nennleistung der ganzen Photovoltaikanlage wahrscheinlich nur bei 90% der theoretischen Nennleistung liegen kann, die sich aus der Summe einzelner Modulleistungen ergibt. Bei Solarmodulen, deren offizielle Toleranz nur ±5 % beträgt, dürfte die tatsächliche Nennleistung nur höchstens 5 % unterhalb der theoretischen Nennleistung liegen. Bei Solarmodulen, deren Toleranz der Hersteller (im Datenblatt) z. B. nur mit ±2 % angibt, dürfte die tatsächliche Nennleistung nur höchstens 2 % niedriger sein, als es der theoretischen Nennleistung entspricht usw.

Erhoffen Sie besser nicht, dass Ihre Photovoltaikanlage, die z. B. aus Solarmodulen mit einer Toleranz von

±10 % besteht, einen „Leistungsplus" von 10 % aufbringen könnte. Eine höhere Leistung als es der Summe der einzelnen Modulnennleistungen entspricht, ist nicht zu erwarten. Dies wäre nur dann erzielbar, wenn alle in den Modulen eingebetteten Solarzellen ohne Ausnahme eine um 10 % höhere Leistung aufbringen würden. Einfach formuliert dürfte also keine einzige der Solarzellen eine niedrigere Leistung als 110 % haben. Das ist jedoch bei einer normalen serienmäßigen Herstellung der Solarzellen nicht realisierbar und bei der Selektion der einzelnen Solarzellen nicht vorgesehen.

Einige Hersteller von Solarmodulen geben daher die Leistungstoleranz nicht in der Form von Plus/Minus (±), sondern nur in der Form von Minus (-) an.

Ausführungsbeispiel eines Solarmodul-Datenblattes:

Multikristallines Solarmodul Typ SIS 106

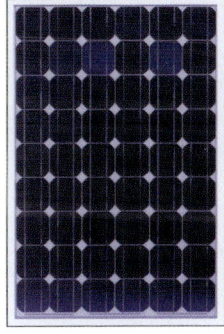

Elektrische Kennwerte

Nennleistung P_{max}	$[W_P]$ [1]	**106**
Nennstrom I_{MPP}	[A]	**4,25**
Nennspannung U_{MPP}	[V]	**25**
Kurzschluss-Strom I_K	[A]	**4,7**
Leerlaufspannung U_L	[V]	**32,4**
Leistungstoleranz		**+/- 5 %**

Mechanische Daten

Länge	[mm]	1420
Breite	[mm]	816
Höhe (mit Dose)	[mm]	60
Höhe (nur Rahmen)	[mm]	52
Gewicht	[kg]	13

1) W_P = Spitzenleistung unter Standard-Testbedingungen:
     AM (Air Mass) 1,5
     E (Einstrahlung) = 1000 W/m²
     T_C (Zellentemperatur) = 25 °C

Leistungsgarantie: 25 Jahre

Fazit

Wird bei Ihren Solarmodulen eine Toleranz von z. B. ±5 % angegeben, dürfen Sie davon ausgehen, dass die Nennleistung (maximale Leistung P_{max}) der ganzen Photovoltaikanlage möglicherweise 5 % niedriger ist, als es der Summe der theoretischen Modulleistungen entsprechen würde. Aber verwechseln Sie diese theoretische Nennleistung nicht mit der tatsächlichen elektrischen Leistung, die der Wechselrichter von aufgewärmten Solarmodulen bezieht (siehe hierzu Tab. 1 bis 5 auf Seite 32 bis 37 mit Erläuterung).

7.1 Die Nennleistung eines Solarmoduls

Die theoretische **Nennleistung** eines Solarmoduls, die oft auch als *maximale Leistung* P_{max} bezeichnet wird, ist allerdings keine Konstante, sondern hängt vom jeweiligen Zustand jeder einzelnen Zelle ab, aus denen das Solarmodul, oder auch eine länger Modulkette, besteht.

Ein kristallines Solarmodul setzt sich aus einer größeren Anzahl einzelner Solarzellen zusammen, die in beliebig langen Reihen seriell miteinander zu Ketten verbunden werden.

Die **Nennleistung** einer Solarzelle wird von ihrer **Nennspannung** und ihrem **Nennstrom** bestimmt und nach der Formel

Spannung *(in Volt)* x **Strom** *(in Ampere)* =
Leistung *(in Watt)* berechnet.

Die Nennleistung eines jeden Solarmoduls wird dann schlicht als die Summe der theoretischen Nennleistungen einzelner Solarzellen festgelegt.

Beispiel A

Die Nennspannung einer Solarzelle beträgt 0,47 Volt (**V**) und ihr Nennstrom beträgt **4,25 A**mpere (A). Multiplizieren wir die 0,47 Volt mit 4,25 Ampere, ergibt es eine Zellen-Nennleistung von exakt 1,9975 Watt – also aufgerundet 2 Watt.

Beispiel B

Besteht ein Solarmodul aus 36 Solarzellen, deren theoretische Nennleistung 2 Watt pro Zelle beträgt, ergibt es eine Modul-Nennleistung von 72 Watt (36 Zellen x 2 Watt = 72 Watt).

Wird ein solches Solarmodul z. B. mit Solarzellen bestückt, deren Toleranz ± 5 % beträgt, ergibt sich daraus automatisch, dass auch das Solarmodul eine

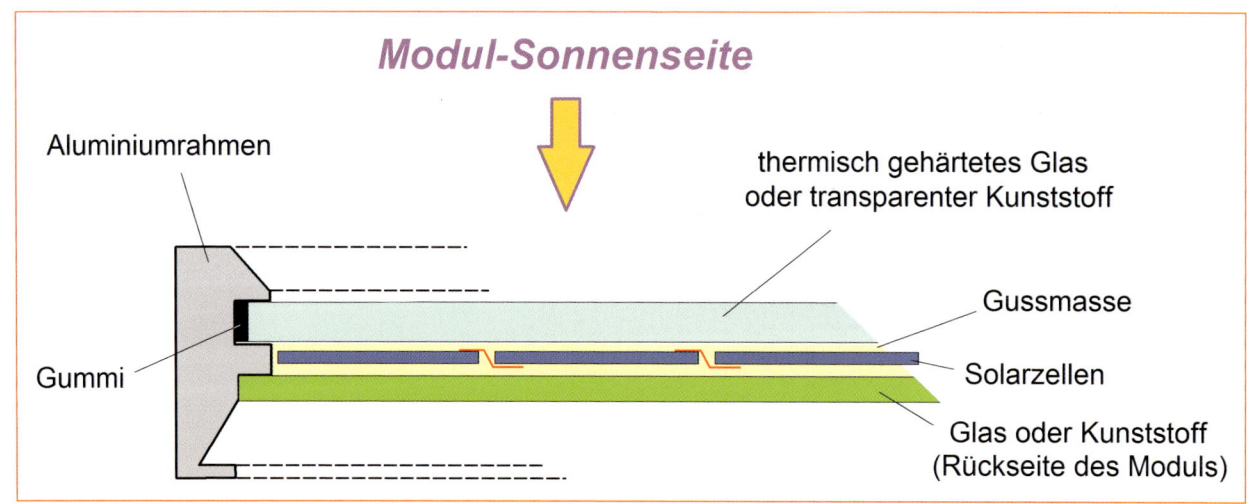

Abb. 7.1 – Beispiel der Solarzellenanordnung im Solarmodul (Ansicht im Schnitt).

Toleranz von ± 5 % aufweist. Das Solarmodul wird somit als ein 72 Watt-Modul mit einer Toleranz von ± 5 % vom Hersteller angeboten. Dies beinhaltet, dass ein solches Modul eventuell nur eine tatsächliche Nennleistung von 68,4 Watt erbringen kann – und möglicherweise (wenn nicht sogar bestenfalls) auch erbringen wird.

Wie inzwischen an anderen Stellen erklärt wurde, genügt es, wenn eine der Solarzellen – oder einige wenige der Solarzellen – durch die Herstellungsstreuung in dem „Minus-Bereich von 5 %" liegen, um die Ausgangsleistung des ganzen Moduls um die vollen „Minus 5 %" zu verringern. Dieser Aspekt wird jedoch bei der Angabe der Nennleistung eines Solarmoduls

nicht berücksichtigt. In der technischen Dokumentation eines jeden Moduls wird jedoch u. A. angegeben, welche Toleranz das Modul hat.

Die Solarzellen können wahlweise als sogenannte monokristalline oder polykristalline (multikristalline) Zellen ausgelegt sein. Dass monokristalline Solarzellen im Durchschnitt einen etwas höheren Wirkungsgrad als polykristalline Solarzellen haben, spielt im Moment keine Rolle.

Die einzelnen Solarzellen, die gegenwärtig in Solarmodulen eingebettet werden, haben Abmessungen von ca. 100 × 100 mm bis 155 × 155 mm und sind überwiegend nur ca. 0,15 bis 0,25 mm dick (zum Vergleich: Die Buchseite, die Sie gerade lesen, ist

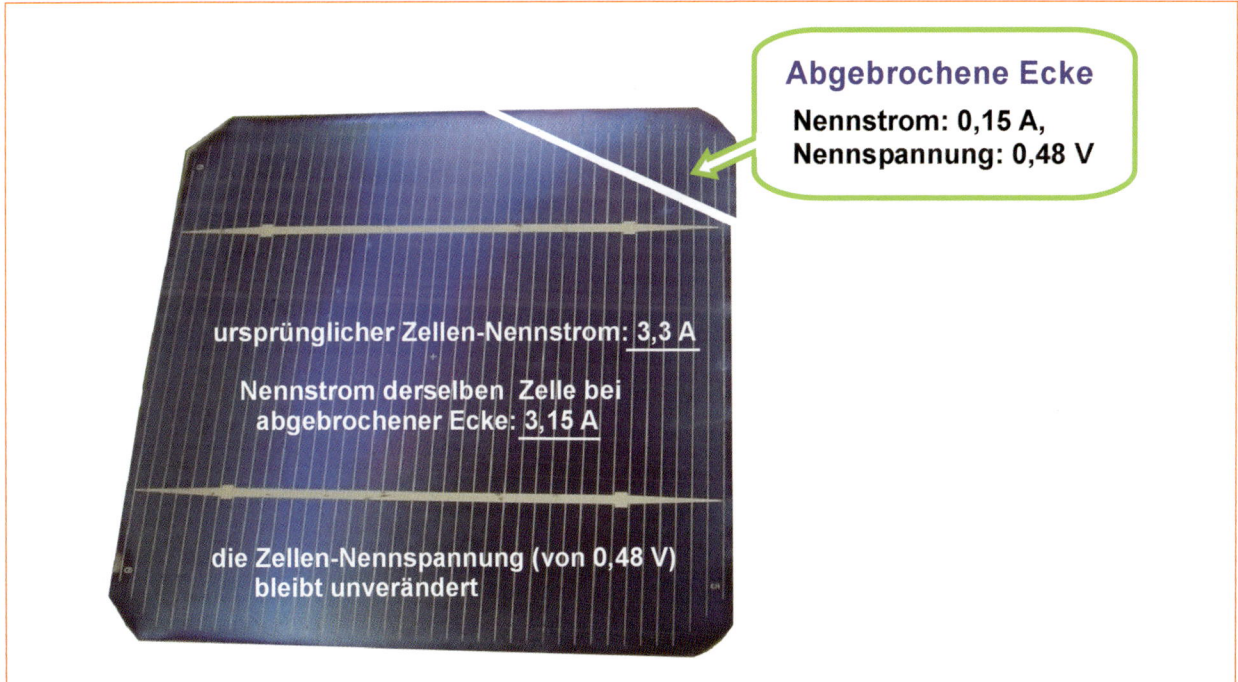

Abgebrochene Ecke
Nennstrom: 0,15 A,
Nennspannung: 0,48 V

ursprünglicher Zellen-Nennstrom: 3,3 A

Nennstrom derselben Zelle bei abgebrochener Ecke: 3,15 A

die Zellen-Nennspannung (von 0,48 V) bleibt unverändert

Abb. 7.2 – Die Verkleinerung der „aktiven" Fläche einer Solarzelle hat praktisch keinen Einfluss auf die Zellenspannung, sondern nur auf den Zellenstrom.

7.1 Die Nennleistung eines Solarmoduls

ca. 0,1 mm dick). Kristalline Solarzellen sind glashart und sehr zerbrechlich. Hält man eine solche „kahle" Solarzelle mit zwei Fingern unvorsichtig, zerbricht sie wie Eis auf einer Pfütze. In den Solarmodulen sind jedoch die Solarzellen durch die Einbettung und Glasabdeckung gut gegen Beschädigungen geschützt. Es kommt nur sehr selten (aber dennoch) vor, dass eine der Zellen im Solarmodul z. B. beim Transport, bei der Montage oder durch mechanische Spannungen, zu denen es z. B. bei stärkeren Veränderungen der Außentemperatur kommt, zerbricht oder dass eine ihrer Ecken abbricht – wie Abb. 7.2 zeigt.

Eine ähnliche Auswirkung auf den Zellenstrom und die Zellenleistung hat die Beschattung einer der Zellen. Abb. 7.3 verdeutlicht, wie der Zellenstrom durch eine Beschattung verringert werden kann. Bei vielen Solarmodulen setzt sich vor allem in den unteren Ecken Schmutz oder Schnee an, der ebenfalls eine Zellenbeschattung verursacht. Auch wenn es harmlos aussieht, kann die Beschattung einen unerwünscht großen Einfluss auf die Leistung des betroffenen Solarmoduls und damit auf die Leistung der ganzen Photovoltaikanlage haben.

Die Nennleistung (maximale Leistung P_{max}) eines Solarmoduls oder eines aus mehreren Solarmodulen bestehenden Photovoltaikgenerators hängt von der Nennspannung (Spannung bei Maximalleistung) und dem Nennstrom (Strom bei Maximalleistung) ab. Die Formel lautet:

Nennleistung (P_{max}) in Watt (W_P) = Nennspannung in Volt × Nennstrom in Ampere

Abb. 7.2 und 7.3 zeigen, dass eine Verringerung der Zellenfläche keinen Einfluss auf die eigentliche Zellenspannung, wohl aber auf den Zellenstrom hat.

Vom angewehten Laub beschattete Solarzelle:

Ursprünglicher Nennstrom der Solarzelle: **3,3 A**

Nennstrom der zu 40% beschatteten Solarzelle: **1,98 A**

Die ursprüngliche Zellen-Nennspannung bleibt bei der Beschattung unverändert

Abb. 7.3 – Angewehtes Laub, Schmutz oder Schnee verkleinern ebenfalls die aktive Fläche der Solarzelle und verringern die Zellenleistung.

7.1 Die Nennleistung eines Solarmoduls

Eine Solarzelle (als Grundbaustein des Solarmoduls) kann mit einer großen Menge an Batterien verglichen werden, die nach Abb. 7.4 parallel verschaltet sind. Entnimmt man einen Teil dieser Batterien, hat es keinen Einfluss auf die Ausgangsspannung einer solchen Einheit. Ganz anders verhält es sich dagegen mit dem Zellenstrom. Der Nennstrom der schwächsten Zelle in einem Solarmodul ist für den Ausgangsnennstrom (Strom bei Maximalleistung) des ganzen Moduls bestimmend.

Wenn beispielsweise ein Solarmodul nach Abb. 7.5 aus 36 Solarzellen besteht, addieren sich die Spannungen einzelner Solarzellen zu einer Ausgangsnennspannung, die in unserem Beispiel exakt 16,92 Volt beträgt. Das ist allerdings Theorie. In der Praxis werden einige der im Modul eingebetteten Solarzellen vielleicht eine Spannung von z. B. nur 0,465 Volt, bei anderen 0,472 Volt oder 0,462 Volt betragen usw. Kleine Spannungsunterschiede der einzelnen Solarzellen haben jedoch nur einen geringfügigen Einfluss auf die Nennleistung des Moduls. Weshalb dem so ist, zeigt ein konkretes Beispiel:

Angenommen, das Modul aus Abb. 7.5 ist mit Solarzellen bestückt, die laut technischer Daten für eine Nennspannung von 0,47 Volt und einen Nennstrom von 4 Ampere ausgelegt sind. Multipliziert man nun die in der angesprochenen Abbildung eingezeichnete Nennspannung von 16,92 Volt mit dem Zellenstrom von 4 Ampere, ergibt sich eine Modulnennleistung von theoretisch 67,68 Watt (16,92 V × 4 A = 67,68 W). Beträgt die tatsächliche Nennspannung durch die Streuung einiger Solarzellen z. B. nur 16,7 Volt (anstelle der 16,92 Volt), sinkt die Modulnennleistung „nur" auf 66,8 Watt (16,7 V × 4 A =

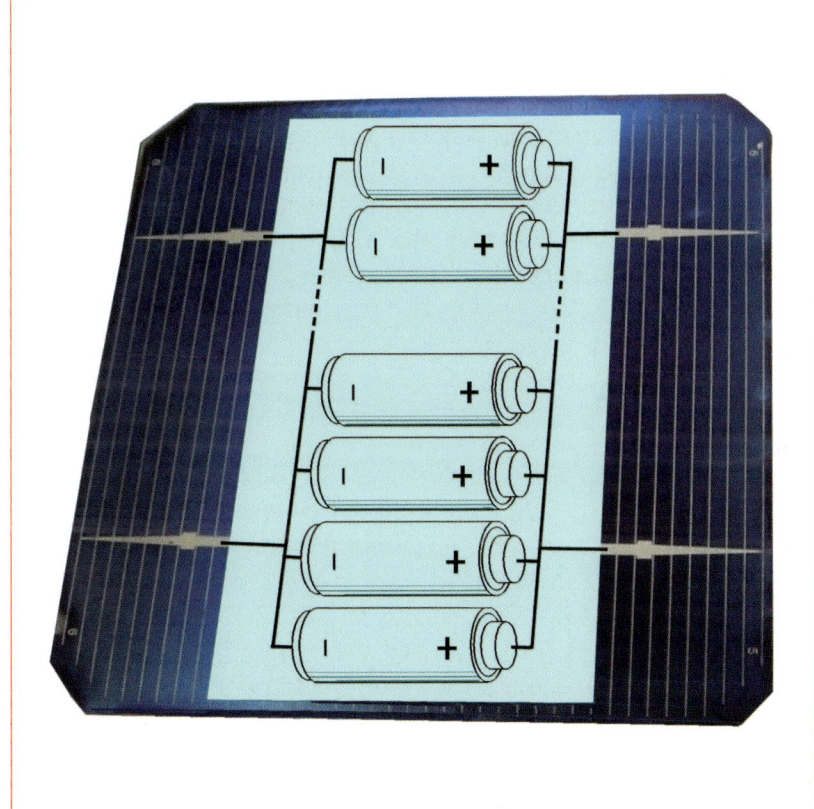

Abb. 7.4 – Eine Solarzelle besteht aus einer großen Anzahl von „Mini-Spannungsquellen", die vereinfacht mit einer größeren Menge parallel verschalteter Batterien verglichen werden können: Die Entnahme einiger Batterien hat keinen Einfluss auf die Ausgangsspannung, sondern nur auf den Strom, den die restlichen Batterien liefern können.

7.1   Die Nennleistung eines Solarmoduls

66,8 W). Das kann in der Praxis leicht vorkommen und ist akzeptabel, denn es handelt sich nur um einen kleinen Leistungsunterschied.

Wirklich problematisch ist es bei den Solarmodulen und ganzen Solarmodulketten, wenn ein zu niedriger Nennstrom einer einzigen defekten Solarzelle den ganzen Ausgangsstrom und somit auch die Ausgangsleistung drosselt.

Wie sich so etwas manifestieren kann, zeigt Abb. 7.6: Ist eine der Solarzellen im Modul vorübergehend durch angewehtes Laub oder angesammelten Schmutz beschattet, drosselt sie unter Umständen den Ausgangsstrom (Nennstrom) des ganzen Solarmoduls auf den Strom ab, den diese eine Solarzelle durchlässt. Dadurch sinkt auch die Nennleistung des Moduls auf den Wert herab, der sich rechnerisch nach der uns bereits bekannten Formel als „Strom mal Spannung" (in diesem Fall als 3 A×16,92 V) ergibt.

Bypass-Dioden ermöglichen bei einer defekten oder stark beschatteten Solarzelle sowie auch bei einer

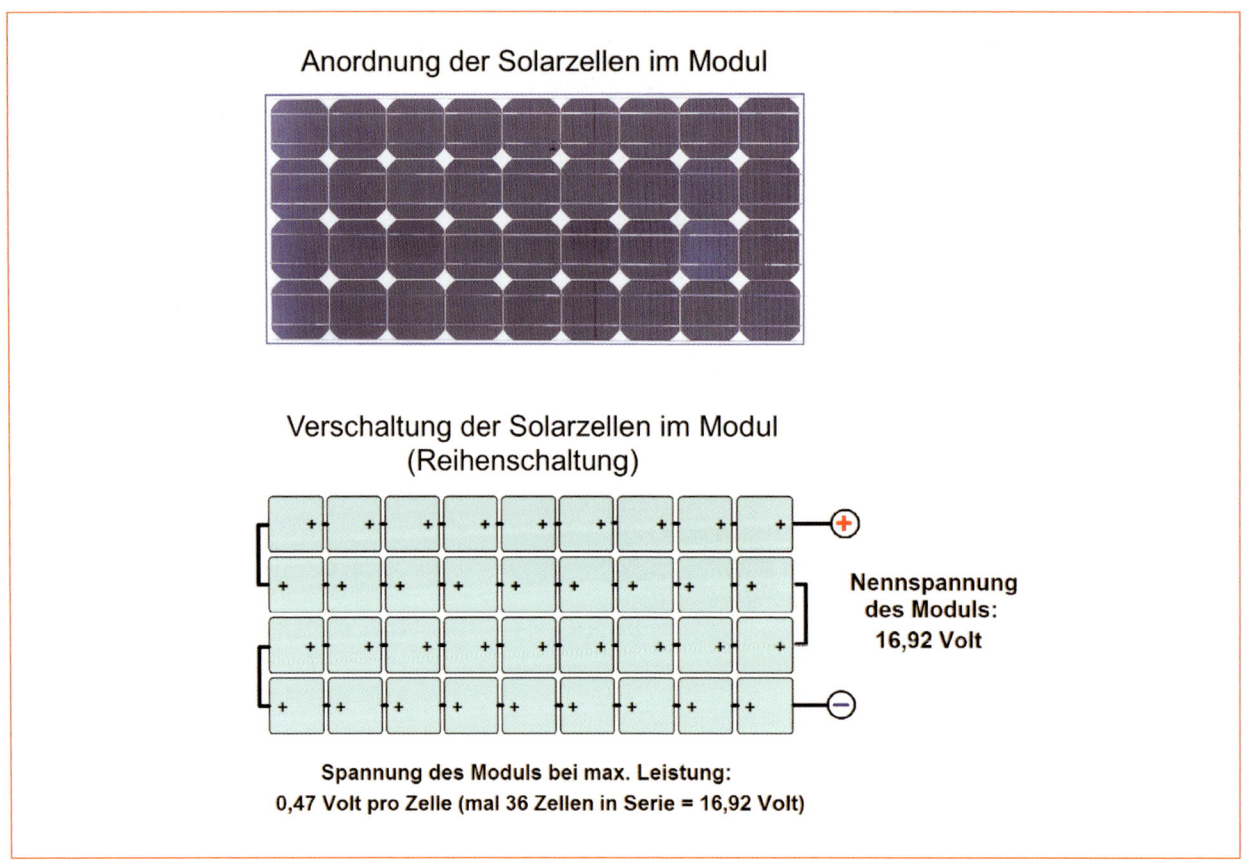

Anordnung der Solarzellen im Modul

Verschaltung der Solarzellen im Modul (Reihenschaltung)

Nennspannung des Moduls: 16,92 Volt

**Spannung des Moduls bei max. Leistung:
0,47 Volt pro Zelle (mal 36 Zellen in Serie = 16,92 Volt)**

Abb. 7.5 – Serielle Verschaltung der Solarzellen im Solarmodul.

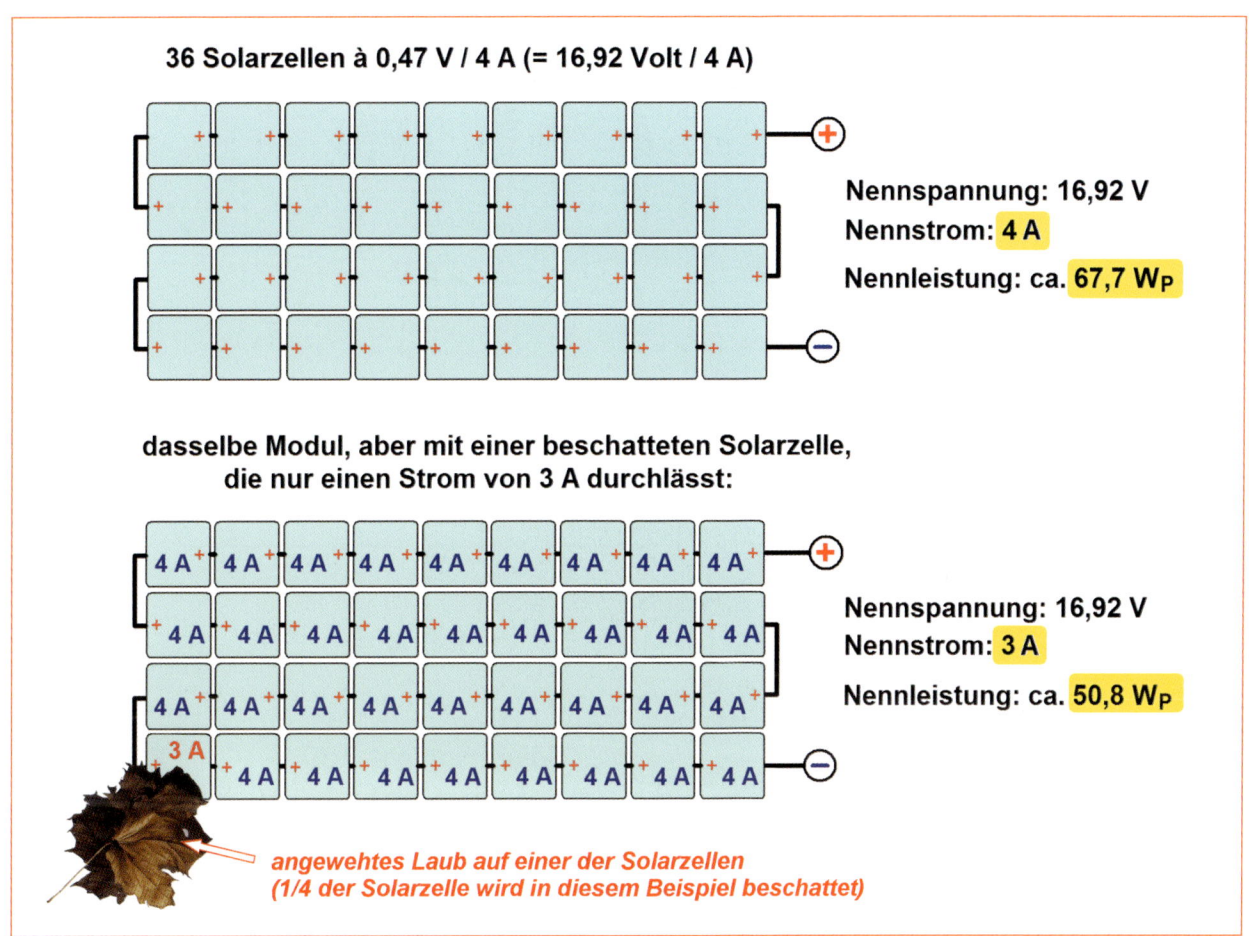

36 Solarzellen à 0,47 V / 4 A (= 16,92 Volt / 4 A)

Nennspannung: 16,92 V
Nennstrom: 4 A
Nennleistung: ca. 67,7 W$_P$

dasselbe Modul, aber mit einer beschatteten Solarzelle, die nur einen Strom von 3 A durchlässt:

Nennspannung: 16,92 V
Nennstrom: 3 A
Nennleistung: ca. 50,8 W$_P$

angewehtes Laub auf einer der Solarzellen
(1/4 der Solarzelle wird in diesem Beispiel beschattet)

Abb. 7.6 – Eine einzige beschattete oder verschmutzte Solarzelle kann bei einem Solarmodul, in dem keine Bypass-Dioden integriert sind, die Ausgangsleistung kräftig drosseln.

unterbrochenen Verbindung zwischen zwei Solarzellen im Modul eine Umleitung des Stroms und verhindern dadurch, dass wegen dieses Defekts die ganze Solaranlage ausfällt.

Die Leistung der Solaranlage – oder des betroffenen Solarmodulstrangs – verringert sich dann, wie bereits an anderen Stellen in diesem Buch erläutert wurde, nur um den Teil der Modulfläche (Solarzellenkette), die innerhalb der Umleitung liegt.

7.2 Die Nennspannung eines Solarmoduls

Nun bleibt die Frage nach der optimalen Solarspannung, die durch eine Reihenschaltung von mehreren Solarmodulen quasi nach Belieben gewählt werden kann. Bei einer Reihenschaltung von Solarmodulen addieren sich die Spannungen einzelner Module ähnlich wie die Spannungen von Batterien, die in Reihe geschaltet sind (Abb. 7.7).

Die Nennspannung eines aus Solarmodulen zusammengestellten Solarmodulstrangs („Strings") sollte möglichst nahe an der Obergrenze der maximalen Eingangsspannung des verwendeten Wechselrichters sein. Eine Ausnahme bilden Wechselrichter, bei denen seitens des Herstellers als maximale Eingangsspannung nicht die Summe der Nennspannungen, sondern die Summe der Leerlaufspannungen aller Solarmodule funktionsbedingt bestimmend ist. Was man unter dem Begriff *Leerspannung* zu verstehen hat, wird im nächsten Kapitel erklärt. Vorerst sehen wir uns näher an, was es mit der optimalen Anpassung der Nennspannung der Solarmodulkette an die Eingangsspannung des Wechselrichters auf sich hat.

Bei einer bestehenden Photovoltaikanlage ist die Nennspannung einzelner Solarmodulstränge bereits festgelegt und kann bei Bedarf

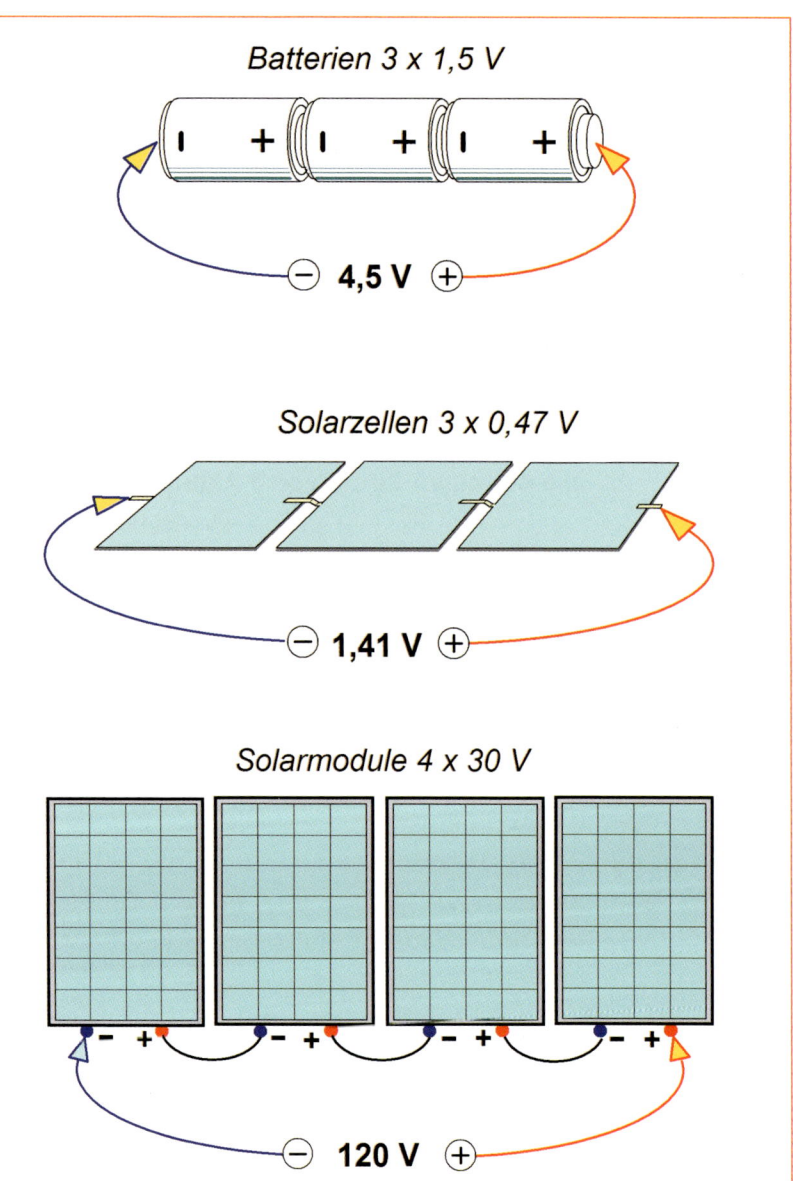

Abb. 7.7 – Bei einer Reihenschaltung (seriellen Schaltung) addieren sich die Spannungen der einzelnen „Spannungsquellen": Dies gilt z. B. sowohl für Batterien als auch für Solarzellen und Solarmodule.

7.2 Die Nennspannung eines Solarmoduls

nur noch mithilfe zusätzlicher Solarmodule erhöht werden – vorausgesetzt es ist dafür noch Platz vorhanden.

Im Planungsstadium einer Photovoltaikanlage ist es einfacher, denn durch die Wahl der passenden Solarmodule kann die Solarspannung optimal auf den Eingangsspannungsbereich der infrage kommenden Wechselrichter abgestimmt werden.

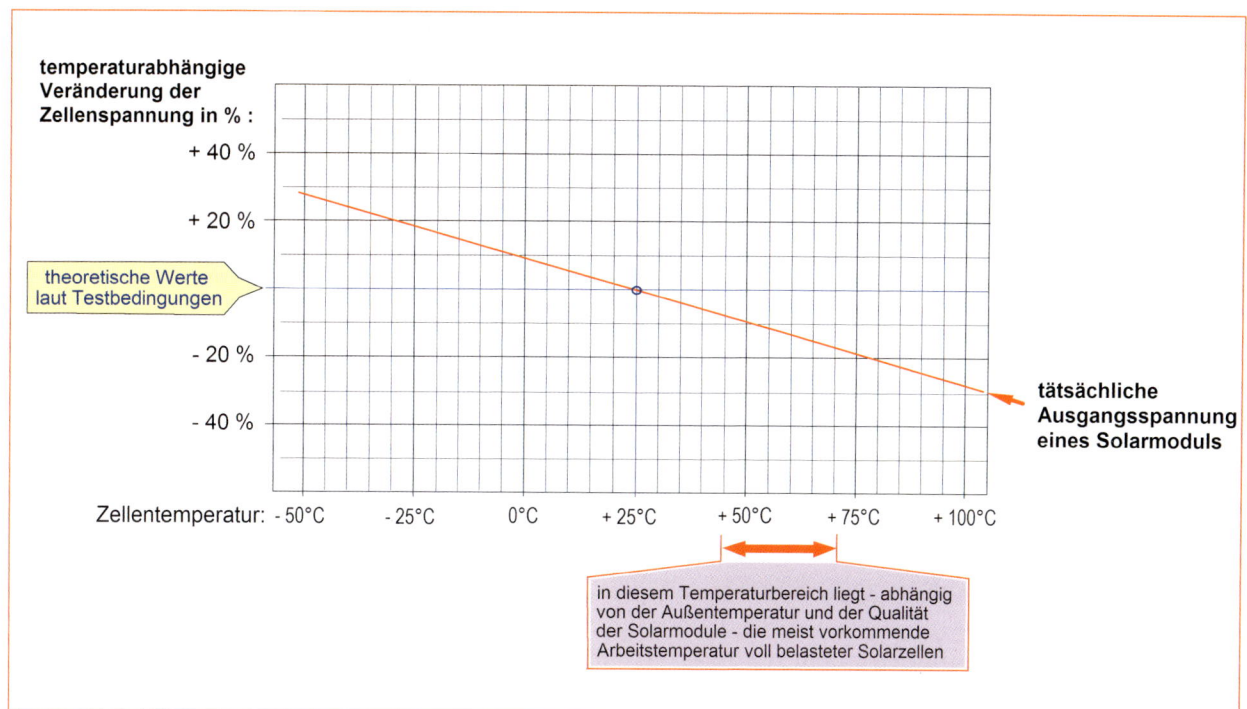

Abb. 7.8 – Gut zu wissen: Die Nennspannung der Solarzellen und Solarmodule sinkt bei Erwärmung zwar nicht so stark wie die Nennleistung, aber bei voller Belastung, höherer Außentemperatur und kräftigerem Sonnenschein sinkt sie dennoch gegenüber dem Nennwert, der in den technischen Daten aufgeführt ist.

7.3   Die Leerlaufspannung eines Solarmoduls

Die Leerlaufspannung einer kristallinen Solarzelle – und somit auch die Leerlaufspannung eines Solarmoduls, das aus kristallinen Solarzellen besteht – ist etwa 18 bis 22 % höher als die Zellen- oder Modulnennspannung. Ihre Höhe wird in der Regel bei den technischen Daten der Solarmodule angegeben.

Wie diese Bezeichnung andeutet, handelt es sich um die Spannung einer unbelasteten Solarzelle oder eines unbelasteten Solarmoduls. Bei einer Photovoltaikanlage verdient die Leerlaufspannung nur deshalb eine gewisse Aufmerksamkeit, weil sie wesentlich höher als die Modulnennspannung ist.

Sind z. B. nach Abb. 7.9 mehrere Solarmodule seriell verbunden, darf nicht vergessen werden, dass an den Anschlussklemmen eines solchen elektrischen Generators eine lebensgefährlich hohe Spannung liegen kann, wenn sie unbelastet oder nur gering belastet sind. Das Gefährliche daran ist, dass die Leerlaufspannung eines unbelasteten Solarmoduls oder einer Modulkette auch dann noch annähernd das im Prospekt angegebene Maximum haben kann, wenn die Solarmodule nur gering belichtet sind.

Aus diesem Grund sollte vor der Arbeit an einem Solarmodulstrang oder an seiner Zuleitung zum Wechselrichter eine der Verbindungen des Modulstrangs z. B. in seiner Mitte oder an einer zugänglichen Stelle unterbrochen werden. Dies ist bei den meisten Systemen leicht machbar, da nur einer der Verbindungsste-

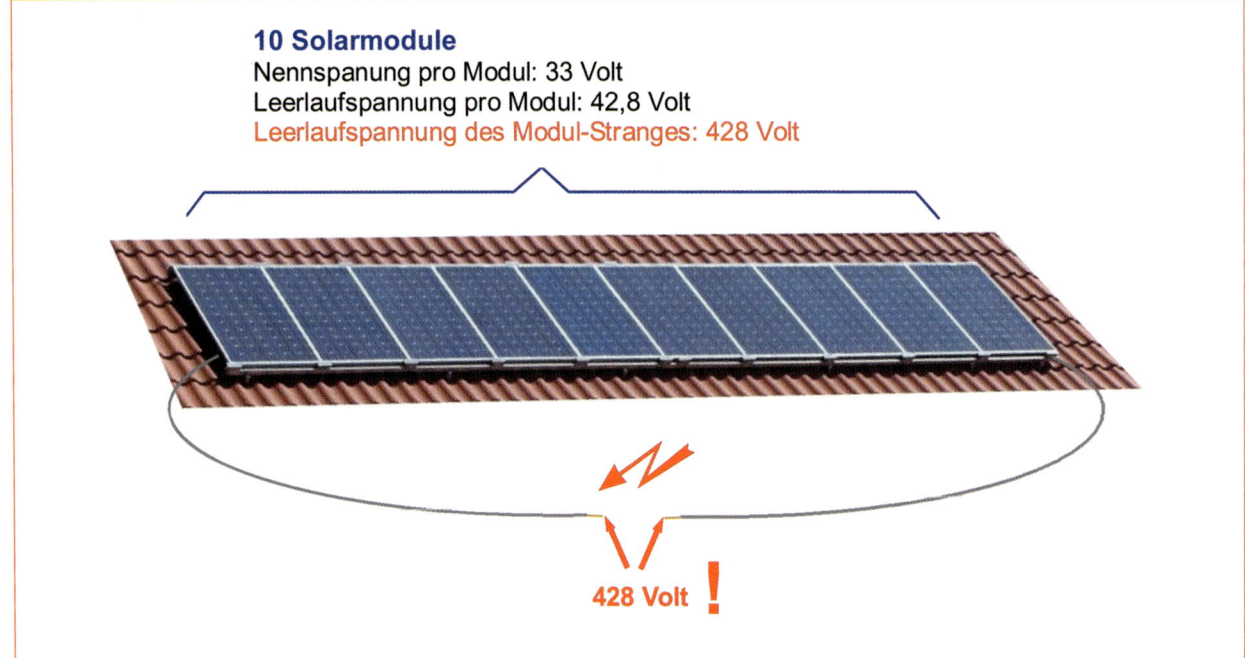

10 Solarmodule
Nennspanung pro Modul: 33 Volt
Leerlaufspannung pro Modul: 42,8 Volt
Leerlaufspannung des Modul-Stranges: 428 Volt

428 Volt **!**

Abb. 7.9 – Vorsicht! Die Leerlaufspannung kann am Ausgang einer unbelasteten Kette von mehreren Solarmodulen lebensgefährlich hoch sein!

7.3 Die Leerlaufspannung eines Solarmoduls

cker (nach Abb. 7.11) einfach aus dem Solarmodul herausgezogen wird. Falls sich der Solargenerator aus mehreren unabhängigen Strängen zusammensetzt, ist darauf zu achten, dass die vorgesehene Unterbrechung der Verbindung des Modulstrangs auch tatsächlich bei dem richtigen Strang vorgenommen wird.

Die Höhe der projektbezogenen Leerlaufspannung muss auch bei der Suche nach einem optimalen Wechselrichter berücksichtigt werden: Manche Wechselrichterhersteller weisen mit Nachdruck darauf hin, dass die höchste Wechselrichtereingangsspannung mindestens der Leerlaufspannung bei 1.000 W/m² und niedriger Zellentemperatur (Standard: -10 °C) entsprechen müsste. Um dies zu verstehen, hilft eine einfache grafische Darstellung des temperaturabhängigen Verlaufs der Modul-Leerlaufspannung nach Abb. 7.10, die auf den internationalen Testbedingungen beruht: Die Leerlaufspannung sinkt mit zunehmender und steigt mit abnehmender Temperatur der Solarzellen.

Die in den Datenblättern angegebene Leerlaufspannung der Solarmodule bezieht sich entweder auf eine Zellentemperatur von 25 °C (laut internationalen Testbedingungen) oder 20 °C (nach NOCT). Da beide Arten des Tests an dem eigentlichen temperaturbezogenen Verlauf der Leerlaufspannung nichts ändern, können wir anhand der Grafik aus Abb. 7.10 davon ausgehen, dass die Leerlaufspannung eines Solarmoduls bei -10 °C ungefähr 13 % höher ist als die im Datenblatt aufgeführte Leerlaufspannung. Diese Information ist von Interesse für den, der z. B. einen neuen Wechselrichter benötigt oder überprüfen möchte, ob z. B. der Wechselrichter auch richtig dimensioniert wurde.

Aufmerksamkeit verdient die Leerlaufspannung auch beim solarelektrischen Laden von Akkus, denn

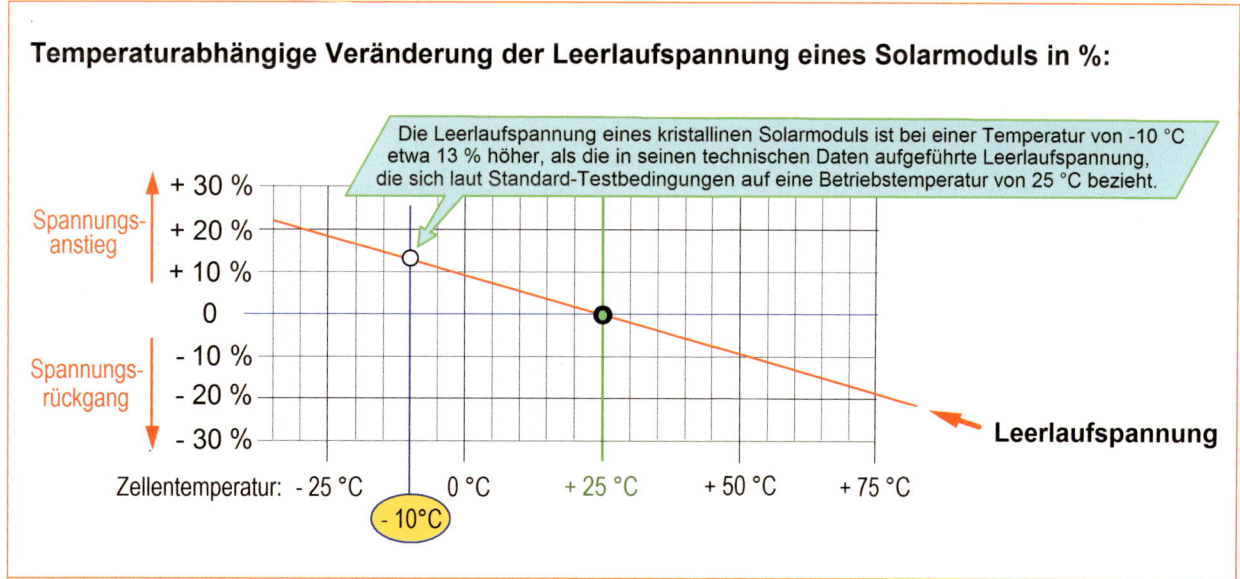

Temperaturabhängige Veränderung der Leerlaufspannung eines Solarmoduls in %:

Die Leerlaufspannung eines kristallinen Solarmoduls ist bei einer Temperatur von -10 °C etwa 13 % höher, als die in seinen technischen Daten aufgeführte Leerlaufspannung, die sich laut Standard-Testbedingungen auf eine Betriebstemperatur von 25 °C bezieht.

Spannungsanstieg — + 30 % + 20 % + 10 % 0 Spannungsrückgang — - 10 % - 20 % - 30 %

Leerlaufspannung

Zellentemperatur: - 25 °C 0 °C + 25 °C + 50 °C + 75 °C

- 10°C

Abb. 7.10 – Ähnlich wie die Nennleistung und die Nennspannung hängt auch die Leerlaufspannung eines kristallinen Solarmoduls von der jeweiligen Zellentemperatur ab.

7.3 Die Leerlaufspannung eines Solarmoduls

hier wird der volle Nennstrom des Solarmoduls nicht während des ganzen Ladevorgangs, sondern nur am Anfang des Ladens (solange der Akku weitgehend leer ist) benötigt. Nachdem der Akku teilweise nachgeladen ist und seine Spannung steigt, nimmt der Ladestrom gleitend ab, das Solarmodul wird dadurch immer weniger belastet und seine Spannung steigt dabei in Richtung seiner Leerlaufspannung.

Diese Funktionsweise hat einen wichtigen praktischen Vorteil: Wenn das Solarmodul nur wenig belastet ist, kann es auch an einem trüberen Tag immer noch eine recht hohe Spannung liefern, wenn die Stromabnahme niedrig ist.

Fazit

Sowohl die Nennspannung als auch die Leerlaufspannung einer Solarzelle oder eines Solarmoduls beschreiben nur anwendungsbezogene Grenzwerte. Die Spannung eines voll belasteten Solarmoduls kann sich nur zwischen Null und der Nennspannung bewegen. Die Spannung eines nicht voll belasteten Solarmoduls kann sich dagegen zwischen Null und der Leerlaufspannung bewegen. Genau genommen kann sie allerdings nur bis in die unmittelbare Nähe der Leerlaufspannung ansteigen, denn die eigentliche „exakte" Leerlaufspannung wird nur bei absolutem Leerlauf erreicht.

Zumindest eine der stromleitenden Verbindungen zwischen zwei Solarmodulen des Stranges unterbrechen (Stecker herausziehen)

Vorsicht: hohe Leerlaufspannung an ubelasteten Solarmodulen!

Abb. 7.11 – Nicht vergessen: Vor jeder Arbeit an den spannungsleitenden Teilen einer Photovoltaikanlage sollte aus Sicherheitsgründen die Stromverbindung der Module unterbrochen werden.

7.4 Der Nennstrom eines Solarmoduls

Das Eigenartige am Solarzellen- und somit auch am Solarmodul-Nennstrom ist, dass er – im Gegensatz zu Nennleistung und -spannung – bei Erwärmung der Zellen nicht sinkt, sondern etwas steigt. Dies allerdings nur so geringfügig, dass es praktisch ohne Bedeutung ist.

Viel wichtiger ist dagegen die Tatsache, dass die schwächste Solarzelle in einem der seriell verschalteten Solarmodule den Ausgangsstrom der ganzen Modulkette bestimmt. Dies beinhaltet, dass bei einem Modulstrang, dessen Solarmodule insgesamt z. B. 500 Solarzellen beinhalten, eine einzige zu schwache Solarzelle den Strom und damit auch die Ausgangsleistung des Systems bestimmt. Erhält der Kunde Solarmodule, deren Parameter laut technischen Daten eine Toleranz von ±10 % aufweisen, kann eine einzige Solarzelle, deren Strom ein Minus von 10 % aufweist, den Strom des ganzen Modulstrangs um diese 10 % drosseln. Darum lohnt sich ein Preis-/Leistungs-Vergleich mit Solarmodulen, die zwar teurer sind, aber mit einer Toleranz von z. B. ±3 % gefertigt werden.

Ein Vergleich des tatsächlichen Stroms einzelner Solarmodule kann am einfachsten messtechnisch an Modulen vorgenommen werden, die noch nicht montiert wurden. Die Module können dann so vorselektiert werden, dass die mit dem niedrigeren Strom z. B. in einem Strang und die mit dem höheren Strom in einem anderen Strang eingesetzt werden. Dadurch beeinträchtigt das Prinzip des schwächsten Gliedes einer Kette nur einen der Modul-Stränge – wie Abb. 7.12 verdeutlicht.

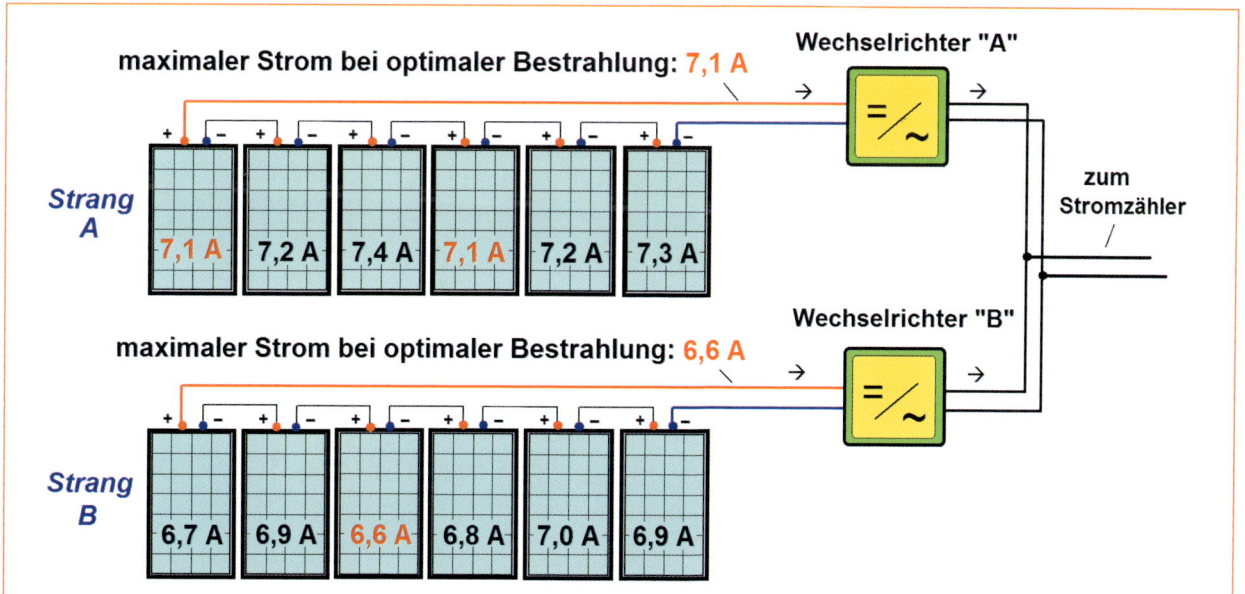

Abb. 7.12 – Vorteilhaft für den Ertrag ist, wenn Module vorselektiert nach ihrem Nennstrom in den Strängen angeordnet werden können.

7.5 Der Kurzschlussstrom eines Solarmoduls

Einem Elektriker ist deutlich, dass bei einem Kurzschluss der elektrische Strom auch ziemlich dicke Leiter (oder Schraubendreher-Spitzen) schmilzt und dass er zu einer ganz bösen Kraft werden kann, wenn eine Sicherung den Stromkreis blitzschnell abschaltet.

Der **Kurzschluss-Strom** eines Solarmoduls stellt dagegen eine ziemlich „harmlose Kraft" dar, die nur dann voll (aber dennoch relativ bescheiden) zur Geltung kommt – bzw. kommen könnte –, wenn das Solarmodul kräftig von der Sonne bestrahlt ist.

Der Kurzschluss-Strom der Solarmodule wird in der Regel bei den technischen Daten exakt angegeben und bezieht sich – ähnlich wie der Modulnennstrom – auf optimale Bedingungen. Das Günstige am Kurzschlussstrom ist, dass er schlimmstenfalls nur etwa 7 % höher ist als der Nennstrom des Solarmoduls und dass er in

„voller Kraft" nur dann in Erscheinung treten kann, wenn das Solarmodul auch kräftig bestrahlt ist. Entsteht beispielsweise ein Kurzschluss an einem Solarmodul, das nur geringfügig belichtet ist, fließt durch die Solarzellen nur ein sehr geringer Strom.

In den technischen Daten der Solarmodule ist üblicherweise der Kurzschlussstrom z. B. auf folgende Weise aufgeführt:

Nennleistung P_{max} [W_P] 110 (Watt)
Nennstrom I_{MPP} [A] 4,4 (Ampere)
Nennspannung U_{MPP} [V] 25 (Volt)
Kurzschluss-Strom I_K [A] 4,7 (Ampere)
Leerlaufspannung U_L [A] 30 (Volt)

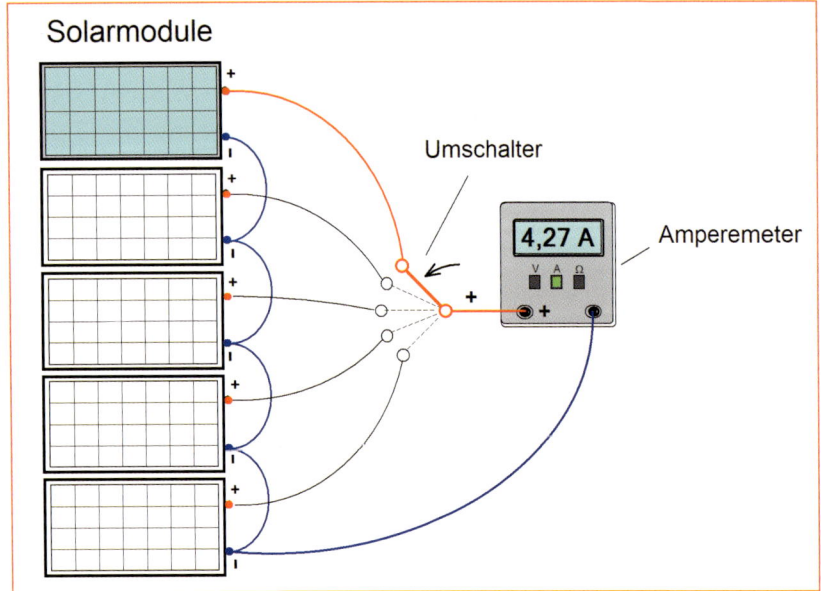

Ein Vergleich des tatsächlichen Kurzschluss-Stroms einzelner Solarmodule kann am einfachsten messtechnisch an Modulen vorgenommen werden, die noch nicht montiert wurden. Die Module können dabei entweder von der Sonne oder auch von Kunstlicht bestrahlt werden (Kunstlicht hat den Vorteil, dass es konstant bleibt).

Abb. 7.13 – Der Kurzschluss-Strom kann mit einem beliebigen Amperemeter bzw. mit einem Multimeter gemessen werden, das über den benötigten Gleichstrom-Messbereich verfügt.

7.6 Bypass-Dioden in Solarmodulen

Eine beschattete oder verschmutzte Solarzelle wirkt sich auf den Ausgangsstrom und damit auch auf die Ausgangsleistung des Moduls oder der ganzen Modulkette einer Photovoltaikanlage negativ aus. Sie wirkt stromdrosselnd und kann zudem durch den *Hot-Spot-Effekt* sogar zerstört werden. Dadurch kann sich die Fläche oberhalb der Solarzelle verfärben, wird für Sonnenstrahlen nur schwach durchlässig und das Solarmodul wird unbrauchbar.

Wir haben bereits anhand mehrerer Beispiele gezeigt, wie in Solarmodulen mithilfe von Bypass-Dioden Umleitungen geschaffen werden, die Defekte oder Beschattungen der Solarzellen abfangen. Eine Lösung nach Abb. 7.14a wird jedoch in der professionellen Praxis nur selten angewendet. Sie eignet sich zwar hervorragend für spezielle Selbstbauprojekte, aber in handelsüblichen Solarmodulen werden vor allem aus Platzgründen oft nur zwei oder drei Bypass-Dioden untergebracht, die jeweils eine längere Zellenkette überbrücken.

Wie solche Bypass-Dioden bei Unterbrechungen von leitenden Verbindungen zwischen den Solarzellen im Modul die defekten Sektionen überbrücken und den Strom des ganzen Modulstrangs umleiten, haben wir bereits an mehreren Beispielen leicht verständlich erläutert. Etwas komplizierter wird es mit der Funktionsweise einer Bypass-Diode bei einer verschmutzten, beschatteten oder leicht beschädigten Solarzelle.

Vereinfacht formuliert, bleibt hier die zuständige Bypass-Diode in der Regel meist inaktiv, solange die Solarzelle den sie durchlaufenden Strom gerade nur so stark drosselt, dass sie dabei nicht überhitzt wird oder dass es nicht zu dem angesprochenen Hot-Spot-Effekt kommt, der die Solarzelle zu kräftig aufheizt und vernichtet.

Aus dieser Sicht erweisen sich die sparsam dosierten zwei oder drei Bypass-Dioden in einem Solarmodul nur unter besonders günstigen Umständen als eine Art Unterstützung von z. B. beschatteten Solarzellen. In den meisten Fällen springen sie nur als eine Überbrückung eines Defekts im Solarmodul ein. Das ist zwar auch von Vorteil, aber der Defekt im Modul selbst wird dabei nicht behoben – und er kann in dem Fall auch nicht mehr repariert werden. Der Nachteil dieser Lösung besteht darin, dass eine derartige, aktiv gewordene Umleitung nicht sichtbar ist und bei einem längeren Modulstrang auch nicht auffällt, wenn der Anlagenbetreiber keinen direkten Vergleich hat.

Ein direkter Vergleich wird allerdings leicht ermöglicht, wenn z. B. am gleichen Standort (an demselben Dach) zwei oder drei Modulstränge mit den gleichen technischen Parametern nebeneinander installiert sind. Hier kann einfach durch den Vergleich von der jeweils gelieferten Solarspannung und Solarleistung schnell ermittelt werden, ob in einem von zwei oder mehreren gleichartigen Modulsträngen die jeweiligen Solarspannungen und Solarleistungen identisch sind. Ein konkretes Beispiel zeigt Abb. 7.15: Der ermittelte Spannungs- und Leistungsunterschied bei zwei gleichen Modulsträngen weist darauf hin, dass in einem der Solarmodule eine Zellensektion defekt ist.

Wie aus diesem Beispiel hervorgeht, ist der ermittelte Spannungsunterschied bei den zwei Modulsträngen proportional relativ klein. Das Gleiche gilt auch für den

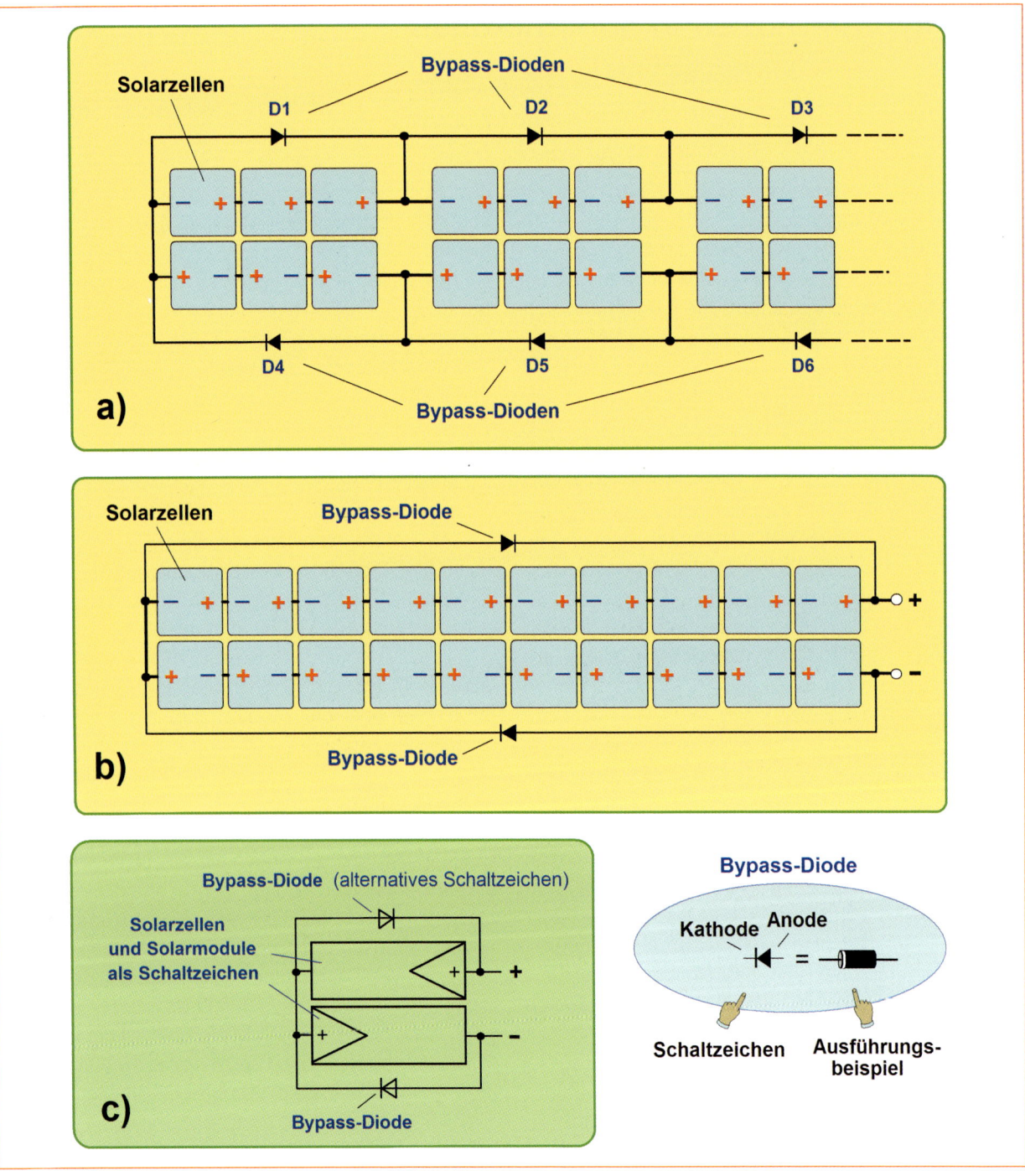

Abb. 7.14 – Drei Anordnungsbeispiele von Bypass-Dioden im Solarmodul: **a)** Je drei Solarzellen werden mit einer einzigen Bypass-Diode überbrückt; **b)** jede Reihe von 24 Solarzellen wird mit einer Bypass-Diode überbrückt; **c)** in Schaltplänen werden Solarzellen, Solarmodule und Bypass-Dioden meist auf diese Weise und mit diesen Schaltzeichen dargestellt.

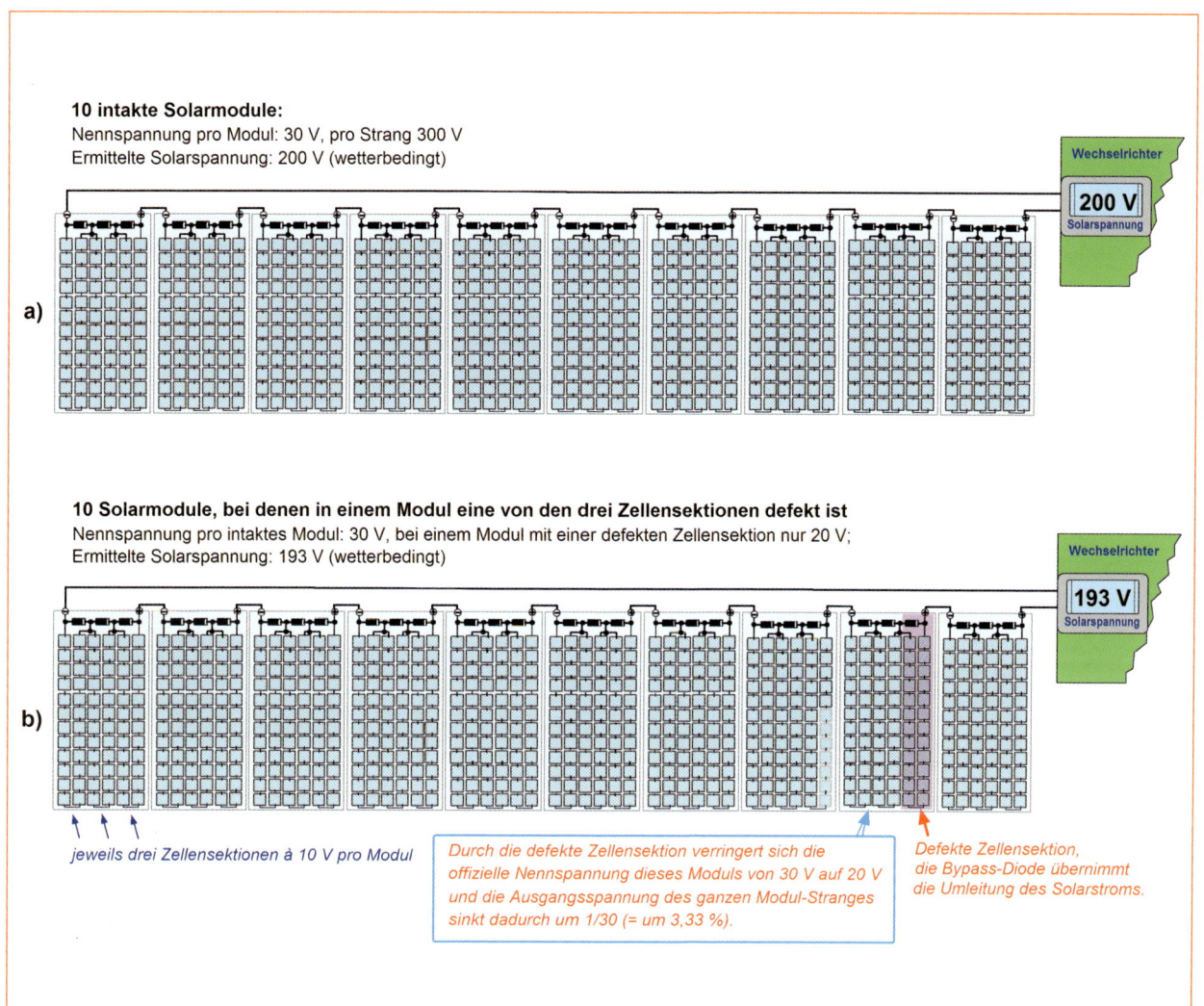

10 intakte Solarmodule:
Nennspannung pro Modul: 30 V, pro Strang 300 V
Ermittelte Solarspannung: 200 V (wetterbedingt)

Wechselrichter
200 V
Solarspannung

a)

10 Solarmodule, bei denen in einem Modul eine von den drei Zellensektionen defekt ist
Nennspannung pro intaktes Modul: 30 V, bei einem Modul mit einer defekten Zellensektion nur 20 V;
Ermittelte Solarspannung: 193 V (wetterbedingt)

Wechselrichter
193 V
Solarspannung

b)

jeweils drei Zellensektionen à 10 V pro Modul

Durch die defekte Zellensektion verringert sich die offizielle Nennspannung dieses Moduls von 30 V auf 20 V und die Ausgangsspannung des ganzen Modul-Stranges sinkt dadurch um 1/30 (= um 3,33 %).

Defekte Zellensektion, die Bypass-Diode übernimmt die Umleitung des Solarstroms.

Abb. 7.15 – Eine defekte Zellensektion kann am leichtesten bei Solaranlagen ermittelt werden, die aus zwei oder mehreren identischen Modulsträngen bestehen.

7.6 Bypass-Dioden in Solarmodulen

Zur Vereinfachung wurden bei den Messergebnissen in Abb. 7.15 bei dem unteren defekten Solarmodulstrang nur der Spannungsanteil der defekten Zellensektion abgezogen. In Wirklichkeit sinkt hier die ermittelte Solarspannung auch noch um den Spannungsverlust an der umleitenden Bypass-Diode, der – je nach der Dioden-Type –zusätzliche 0,3 bis 1 V beträgt.

Leistungsunterschied, der bei einigen Wechselrichtern (als Solareingangsleistung) ebenfalls gemessen werden kann. Da es – durch die Herstellungsstreuung bei den Solarmodulen – auch bei intakten Anlagen gewisse Spannungs- und Leistungsunterschiede zwischen den Modulsträngen gibt, ist es von Vorteil, wenn bei einer noch intakten Anlage diese Unterschiede ermittelt und notiert werden. Da sich das ursprüngliche Verhältnis der Ausgangsspannungen und -leistungen im Laufe der Zeit normalerweise nicht ändern dürfte, kann im Nachhinein geprüft werden, ob alles noch intakt ist.

Eine defekte Solarzelle kann ansonsten unter Umständen jahrelang ihr Dasein fristen, die Zellen ihrer ganzen Sektion sozusagen „aus dem Spiel halten", ohne dass es auffällt. Obwohl man einen solchen Defekt als „Tropfen auf den heißen Stein" bezeichnen könnte, ist es doch günstig, ihn noch während der Garantiezeit zu entdecken. Ein solcher Defekt kann auf einen kaum oder gar nicht sichtbaren Zellenbruch oder auf eine Unterbrechung der Zellenverbindung hinweisen und könnte früher oder später bei mehreren Solarmodulen auftreten.

Eine aktivierte Bypass-Diode wärmt sich durch den Stromfluss stark auf, was eine Erwärmung des Modulrahmens und des Modulabdeckglases in ihrer Nähe zur Folge hat. Der Temperaturunterschied kann zwar auch durch einfaches Abtasten der Module wahrgenommen werden, lässt sich aber mithilfe eines Infrarotthermo-

Abb. 7.16 – Mit einem Infrarot-Thermometer können die Solarmodule kontaktlos abgetastet werden, um eine defekte Bypass-Diode oder auch nur eine defekte (und dadurch auffallend wärmere) Solarzelle oder Bypass-Diode zu entdecken.

meters (Abb. 7.16) leicht und sicher ermitteln – vorausgesetzt, der Zugang zu den einzelnen Modulen erlaubt es. Das Infrarot-Thermometer zeigt auch die Temperaturerhöhung einer Solarzelle an, die als Folge eines geringeren Zellenbruchs (abgebrochener Zellenecke) oder einer Verschmutzung durch Flecken an der (oder oberhalb der) Zelle stärker ansteigt. Oft handelt es sich dabei um Schäden, die bereits bei der Modulherstellung entstanden sind.

8 Wechselrichter für netzgekoppelte Systeme

Folgend geht es um die Funktionsweise und Eigenheiten der Wechselrichter.

Die Funktionsweise eines Wechselrichters für netzgekoppelte Systeme (Abb. 8.1) hat viel Ähnlichkeit mit der Funktionsweise eines einfachen Camping- oder PKW-Wechselrichters: Der Wechselrichter muss hier eine Gleichspannung in eine Wechselspannung umwandeln

Abb. 8.1 – Ausführungsbeispiel eines Kaco-Wechselrichters für netzgekoppelte Systeme.

können. Es gibt z. B. viele kleinere Wechselrichter, die eine 12-Volt-Gleichspannung in 230-Volt-Wechselspannung umwandeln können (Abb. 8.2).

Das Gleiche muss vom Prinzip her ein Wechselrichter für netzgekoppelte Systeme können. Er muss aber zudem noch fähig sein, eine sinusförmige netzidentische Wechselspannung zu erzeugen und diese ins öffentliche Netz synchron einzuspeisen. Dies gilt jedoch nicht für Wechselrichter, die nur für netzunabhängige Inselanlagen angewendet werden: Hier genügen unter Umständen auch die einfachsten PKW-Wechselrichter, deren Leistung auf die Abnahmeleistung der vorgesehenen Verbraucher abgestimmt ist, die für 230 Volt~ ausgelegt sind. Je nachdem, welche 230-Volt-Verbraucher an den Wechselrichter angeschlossen werden,

sind die Ansprüche an die vom Wechselrichter gelieferte Wechselspannung entweder nur gering oder sehr hoch (siehe hierzu Kapitel 9).

Die gegenwärtigen Wechselrichtersysteme für netzgekoppelte Photovoltaikanlagen können nach Abb. 8.3 in Hinsicht auf die Art der Eingänge und Stranganschlüsse (eng. *Strings*) in vier Gruppen eingeteilt werden:

a) **Wechselrichter mit einem gemeinsamen Eingang (Zentralwechselrichter)**
b) **String-Wechselrichter**
c) **Multi-String-Wechselrichter**
d) **Modulintegrierte Wechselrichter**

Abb. 8.2 – Kleinere Wechselrichter für Anwendungen in PKW- und Campingfahrzeugen sowie für die Umwandlung der Solarakku-Gleichspannung in eine netzidentische 230-Volt-Wechselspannung sind preiswert und die Auswahl ist groß. (Fotos/ Anbieter: Conrad Electronic und Reichelt Elektronik)

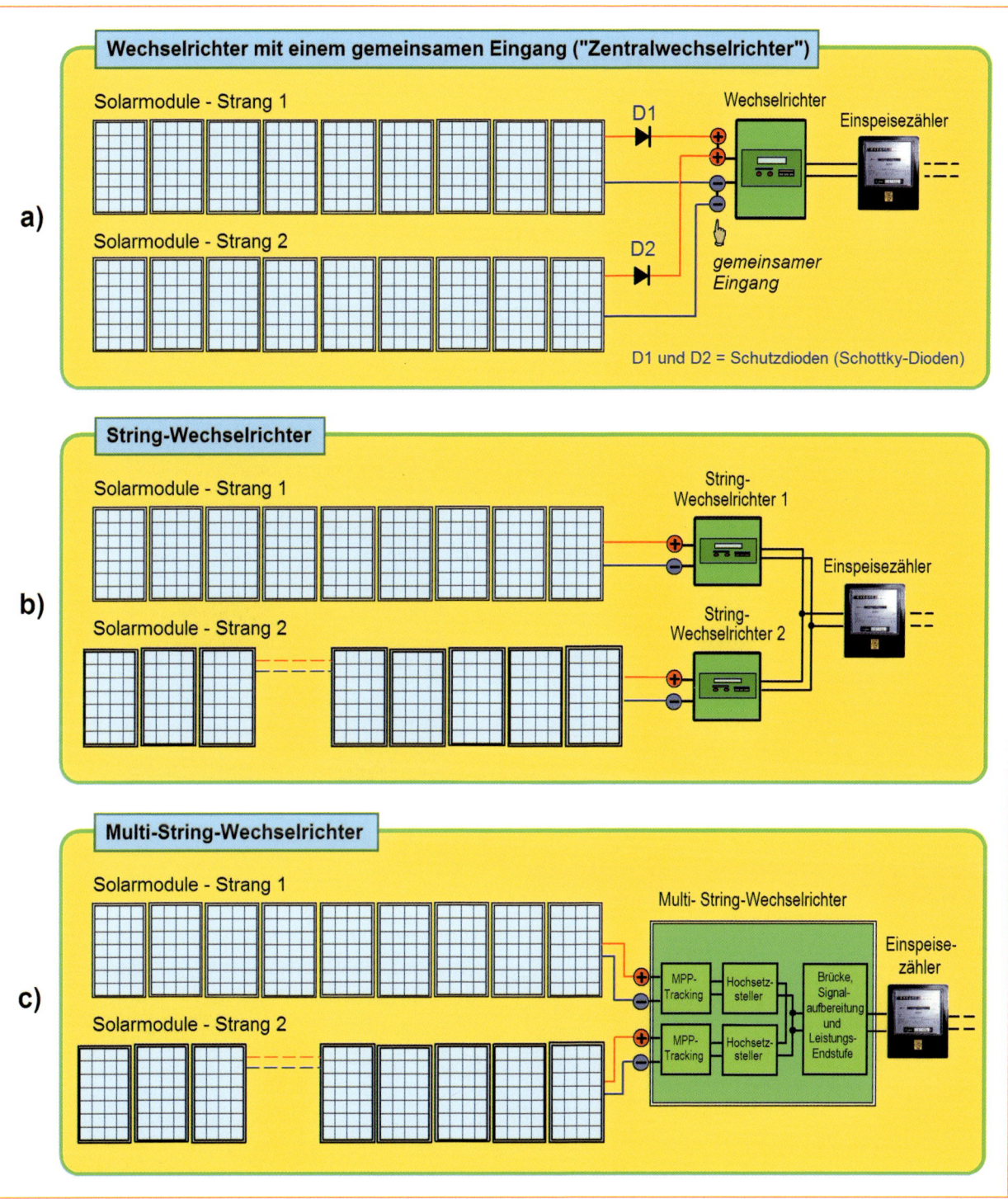

Wechselrichter mit einem gemeinsamen Eingang ("Zentralwechselrichter")

a) Solarmodule - Strang 1

Solarmodule - Strang 2

D1

D2

Wechselrichter

Einspeisezähler

gemeinsamer Eingang

D1 und D2 = Schutzdioden (Schottky-Dioden)

String-Wechselrichter

b) Solarmodule - Strang 1

Solarmodule - Strang 2

String-Wechselrichter 1

String-Wechselrichter 2

Einspeisezähler

Multi-String-Wechselrichter

c) Solarmodule - Strang 1

Solarmodule - Strang 2

Multi- String-Wechselrichter

MPP-Tracking

Hochsetzsteller

MPP-Tracking

Hochsetzsteller

Brücke, Signalaufbereitung und Leistungs-Endstufe

Einspeisezähler

Abb. 8.3 – Drei Wechselrichter-Grundkonzepte in Hinsicht auf die Art der Anschlussmöglichkeiten.

8.1 Wechselrichter mit einem gemeinsamen Eingang (Zentralwechselrichter)

Die herkömmlichen Wechselrichter wurden ursprünglich für einen gemeinsamen Eingang ausgelegt. Die einzelnen Modulstränge wurden – oder werden noch immer – nach Abb. 8.3a einfach über zusätzliche Schutzdioden (Schottky-Dioden) parallel an gemeinsame Anschlussklemmen des Wechselrichtereingangs angeschlossen. Dabei kann es sich unter Umständen um separat angeordnete (also nicht ausgesprochen „gemeinsame") Klemmen oder Stecker handeln, die z. B. nach Abb. 8.4 als getrennte Stecker am Gerät angebracht, aber intern leitend verbunden sind.

Der Nachteil dieser Konzeptlösung ist, dass sie eigentlich nur dann optimal funktioniert, wenn zwei oder mehrere parallel angeschlossene Modulstränge voll identische Spannungen und Leistungen liefern. Abweichungen in der Anpassung der Stränge oder Teilbeschattung einiger Stränge verringern den Energieertrag dadurch, dass bei dem Strang (oder den Strängen) mit einer niedrigeren Spannung der Wechselrichter nicht ihre zur Verfügung stehende tatsächliche Leistung ins Netz einspeist. Ein Teil dieser Leistung bleibt dann quasi ungenutzt. Wie groß dieser ungenutzte Teil tatsächlich ist, hängt vor allem von dem Spannungsunterschied zwischen einzelnen Modulsträngen ab. Je größer dieser ist, desto höher sind die Leistungsverluste, die in der technischen Terminologie als *Anpassungsverluste* bezeichnet werden.

Vier-Strang-Wechselrichter

Vier separate Wechselrichter-Eingänge verraten als solche nichts über die Art der internen Bearbeitung der Solarenergie einzelner Modul-Stränge

Abb. 8.4 – Wechselrichter mit gemeinsamem Eingang sind oft mit mehreren Steckverbindungen versehen, die jedoch an der Rückseite der Stecker jeweils leitend miteinander verbunden sind.

Beachten Sie

Wenn in den technischen Unterlagen eines Wechselrichters z. B. „maximale Stringanzahl (parallel): 3" steht, bezieht es sich nur darauf, dass dieser Wechselrichter eingangsseitig für drei Parallelanschlüsse (nach dem Beispiel aus Abb. 8.3a/8.4) ausgelegt ist. Alle ihm zugeführte Solarleistungen werden jedoch bei einem *Zentralwechselrichter* gemeinsam bearbeitet.

8.2 String-Wechselrichter

Die vorher angesprochenen Nachteile der Wechselrichter mit einem gemeinsamen Eingang entfallen bei der Anwendung von String-Wechselrichtern. Hier verarbeitet jeder Wechselrichter (nach Abb. 8.3b und 8.5) unabhängig die Solarenergie seines Modulstrangs optimal. Technisch heißt es, dass hier jeder Strang im eigenen *Maximum-Power-Point (MPP)* betrieben wird. Die Modulstränge dürfen dabei unterschiedlich lang sein und unterschiedliche Parameter (Nennspannung, Nennleistung und Nennstrom) aufweisen. Gelegentliche Beschattung eines der Stränge oder eines ihrer Module oder Defekte in Modulen, die von Bypass-Dioden abgefangen werden, verringern den Energieertrag nur im mathematisch gerechtfertigten Umfang, der sich z. B. auf den tatsächlichen Energieverlust in einer defekten Modulsektion bezieht.

Die Anzahl der Modulstränge sowie auch die Anzahl der String-Wechselrichter pro Photovoltaikanlage sind praktisch uneingeschränkt. Die einzelnen String-Wechselrichter dürfen dabei für unterschiedliche Leistungen und PV-Spannungsbereiche ausgelegt sein, denn ausgangsseitig müssen sie sowieso eine exakt netz- und damit auch phasenidentische Wechselspannung an den Eingang des Netzeinspeise-Stromzählers liefern. String-Wechselrichter werden ausgangsseitig parallel miteinander verbunden und an den Netzeinspeise-Stromzähler angeschlossen. Mehrere einzelne String-Wechselrichter sind allerdings teurer als ein einziger Wechselrichter mit zwei oder auch mehreren parallelen Eingängen. Sie sind dennoch vor allem dann unerlässlich, wenn die einzelnen Modulstränge der Photovoltaikanlage unterschiedlich ausgerichtet sind, wodurch das Leistungsangebot zueinander zeitlich versetzt ist. Hier gäbe es bei Anwendung eines Wechselrichters mit gemeinsamem „Paralleleingang" viel zu große Energieverluste. String-Wechselrichter sind wahlweise auch als modulintegrierte Wechselrichter erhältlich.

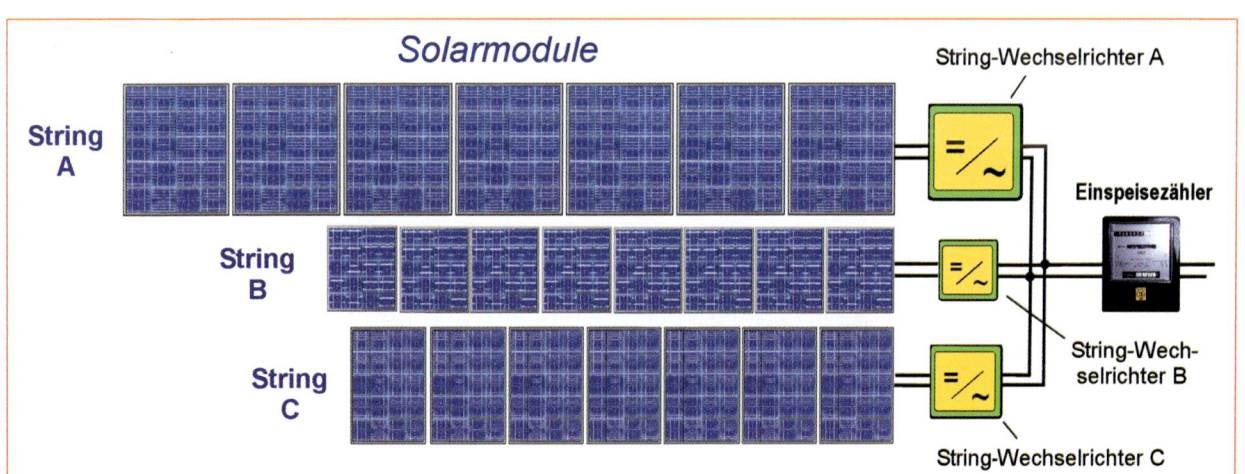

Abb. 8.5 – Eine Photovoltaik-Anlage kann sich bei Bedarf aus einer beliebigen Anzahl von unterschiedlich großen bzw. langen Solar-Strängen (Strings) sowie auch unterschiedlich großen String-Wechselrichtern zusammensetzen. Die angewendeten Wechselrichter müssen jedoch auf ihre „Strings" exakt abgestimmt sein.

8.3 Multi-String-Wechselrichter

Wie Abb. 8.6 zeigt, verfügt ein Multi-String-Wechselrichter eingangsseitig über separate Eingänge, in denen die jedem Modulstrang gelieferte Solarenergie separat aufbereitet wird, damit Fehlanpassungen vermieden werden. Ein gemeinsamer „Leistungsteil", der aus Brücke und Signalaufbereitung besteht, fügt dann die ihm gelieferten Solarenergien zusammen und speist sie ins öffentliche Netz ein.

Nach außen wirkt ein Multi-String-Wechselrichter ähnlich wie mehrere einzelne String-Wechselrichter und ist, durch den gemeinsamen Leistungsteil, eine kostengünstigere Alternative in der String-Technik. Die Anzahl der separaten Eingänge liegt oft zwischen zwei

und vier, kann jedoch bei einigen dieser Geräte auch nach Abb. 8.6 aus einer Kombination von „echten" Multistring-Eingängen und parallelen Eingängen bestehen, die als gemeinsame Eingänge eines *Zentralwechselrichters* ausgelegt sind. An den in Abb. 8.6 unten eingezeichneten Doppelanschluss dürfen nur zwei völlig identische Modulstränge über Schottky-Dioden angeschlossen werden. Schottky-Dioden sind Spezialdioden, an denen (typenbezogen) nur ein geringer Spannungsverlust (von ca. 0,28 bis 0,3 Volt) entsteht. Dadurch verringert sich auch der Leistungsverlust, der an diesen Dioden als Solarstrom × Verlustspannung an der Diode entsteht.

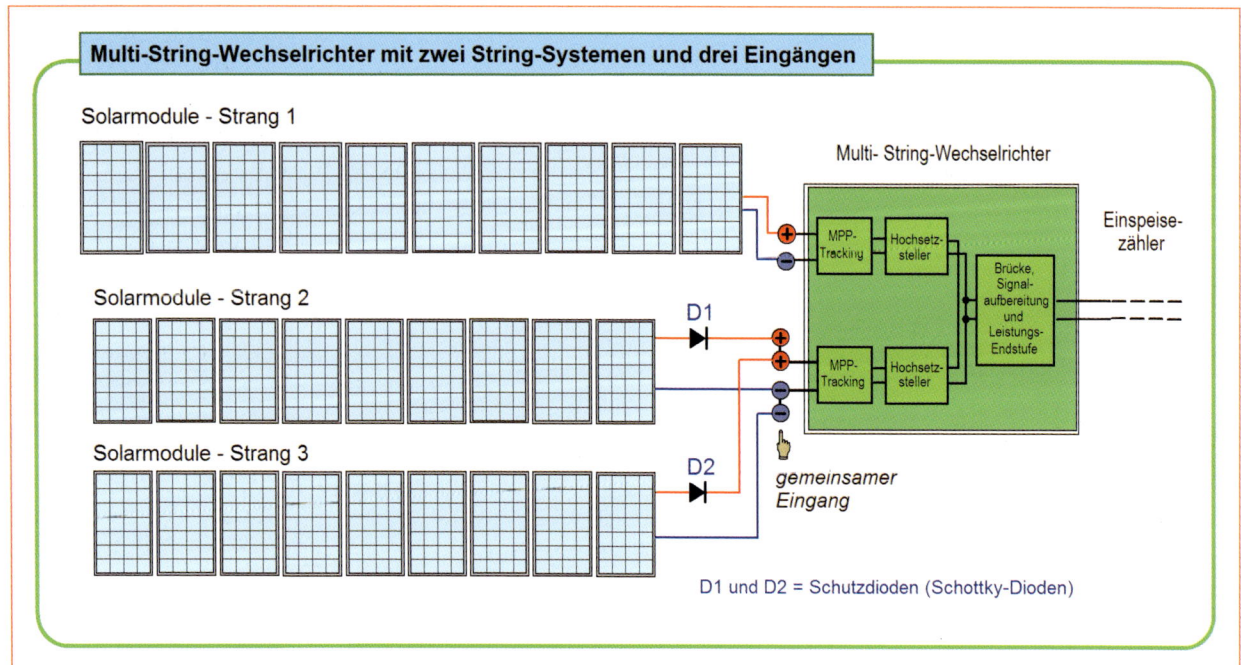

Abb. 8.6 – Anschlussbeispiel eines Multi-String-Wechselrichters, bei dem einer seiner drei Photovoltaikeingänge nur als ein Parallelanschluss ausgelegt ist.

8.4 Modulintegrierte Wechselrichter

Modulintegrierte Wechselrichter unterscheiden sich von String-Wechselrichtern nur dadurch, dass sie für einzelne Wechselrichter ausgelegt sind. Jedes Solarmodul erhält nach Abb. 8.7 einen eigenen Wechselrichter. Auf diese Weise wird verhindert, dass Anpassungsverluste auftreten, die z. B. bei Solarmodulen mit einer Toleranz von ±10 % unvermeidbar sind – und bei denen theoretisch auch tatsächlich Anpassungsverluste von bis zu etwa 10 % entstehen können. Wenn jedes Solarmodul über einen eigenen modulintegrierten Wechselrichter verfügt, verringern sich die Anpassungsverluste, wie das Beispiel in Abb. 8.7 verdeutlicht: Die maximal erzielbare Solarleistung beträgt bei dem oberen Beispiel rein rechnerisch nur 952 Watt, bei dem unten aufgeführten Beispiel eines Konzeptes mit sieben selbstständigen Modulwechselrichtern beträgt die maximal erzielbare Solarleistung immerhin ca. 1011 Watt (exakt 1011,5 W). Das sind ca. 6 % mehr!

Der Nachteil dieser Wechselrichter besteht darin, dass sie an einer solarelektrischen Dachanlage meistens sehr schwer zugänglich sind, wodurch eventuelle Reparaturen zu einem ziemlich kostspieligen Anliegen werden. Zudem sind die Preise der handelsüblichen modulintegrierten Wechselrichter noch viel zu hoch und der Wirkungsgrad ist nicht gerade umwerfend. Das könnte sich jedoch ändern, wenn z. B. die Herstellung in Ländern mit günstigen Löhnen, niedrigen Lebenshaltungskosten und vorteilhafter Währung stattfinden würde.

Ausgehend von der extrem kostengünstigen Entwicklung und Herstellung von z. B. Fernsehern, PCs oder Solar-Taschenrechnern könnte z. B. ein 200-Watt kristallines Solarmodul mit einem perfekt funktionie-renden „modulintegrierten" Wechselrichter weniger als ca. 15 % dessen kosten, was momentan noch ein „kahles" 200-Watt-Solarmodul derselben Ausführung „made in Germany" kostet. Vorausgesetzt, die Importeure und Zwischenhändler würden sich dabei mit denselben Rabatten zufrieden geben, wie z. B. bei den Solar-Taschenrechnern, die bei uns die „Endkunden" schon ab etwa 2 Euro kaufen können. Würde ein solcher Taschenrechner samt allem Zubehör (Tastatur, Display, integrierte Schaltung, Solarzelle, Gehäuse usw.) in Westeuropa entwickelt und hergestellt, wäre es kaum machbar, seinen Ladenpreis unterhalb von etwa 40 Euro zu drücken. Aus dieser Sicht ist es daher denkbar, dass in Zukunft die Preisentwicklung der solarelektrischen Bausteine einen ähnlichen Verlauf nimmt, wie wir es z. B. von den Radio- und Fernsehgeräten, PCs, Waschmaschinen und diversen anderen Gütern kennen, die in Asien oder Indien etwas „eher an der Reihe" waren.

Der große Vorteil der modulintegrierten Wechselrichter besteht darin, dass dann die einzelnen Solarmodule auch von unerfahrenen Anwendern im Prinzip ähnlich einfach installiert werden könnten wie z. B. eine Reihe von nebeneinanderstehenden Kühlschränken. Der Anwender müsste sich dabei mit keiner Anpassung der Parameter auseinander setzen, sondern nur die Kabel anschließen. Es wäre auch technisch leicht machbar, die modulintegrierten Wechselrichter so zu konzipieren, dass die Stromeinspeisung ins öffentliche Netz schon dann stattfindet, sobald die Solarspannung etwa 5 bis 10 % des maximalen Wertes erreicht. Das ist momentan nur noch eine ähnliche „Utopie", wie es z. B. vor 10 Jahren eine PC-Taktfrequenz von mehr als 1 GHz war.

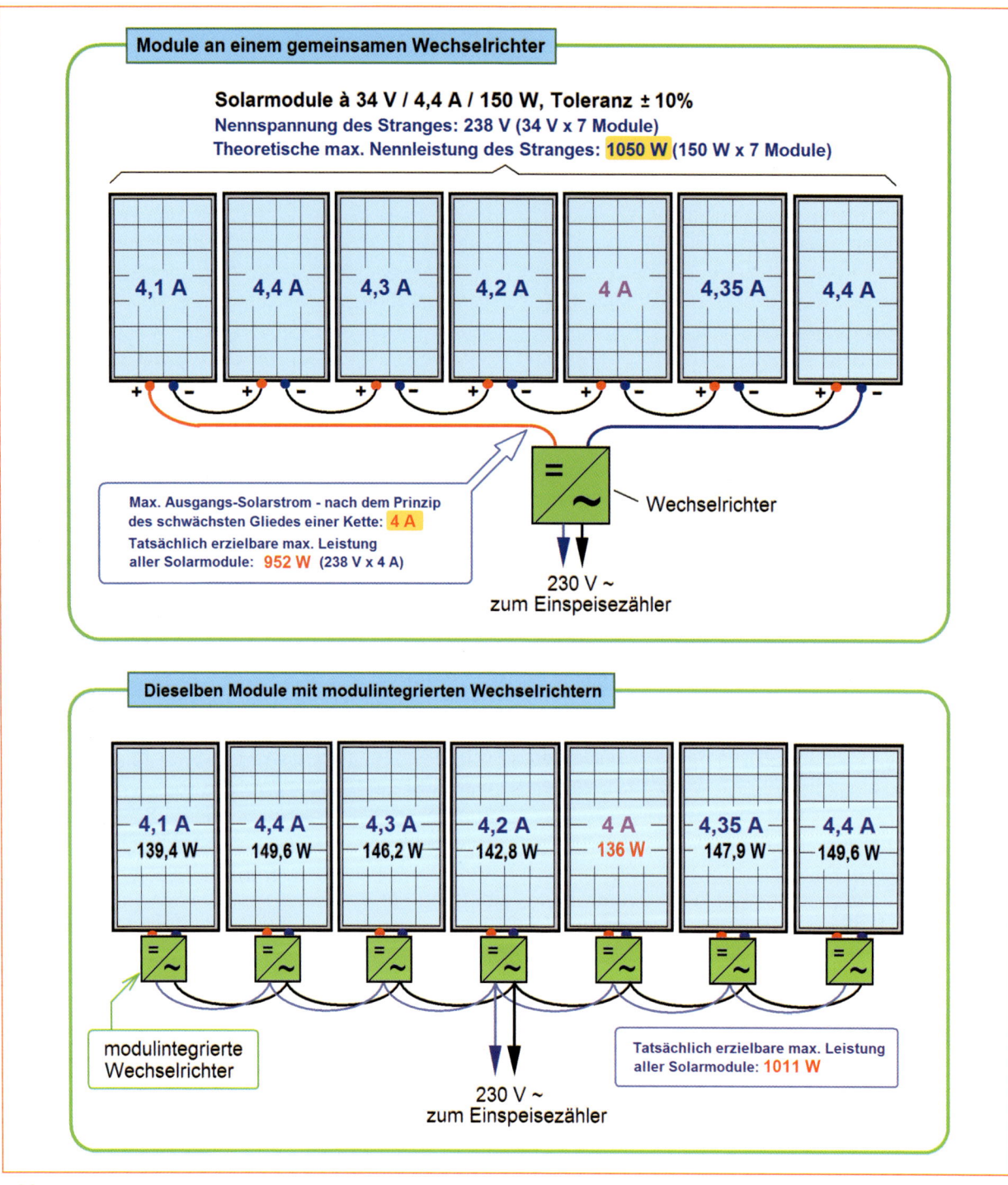

Module an einem gemeinsamen Wechselrichter

Solarmodule à 34 V / 4,4 A / 150 W, Toleranz ± 10%
Nennspannung des Stranges: 238 V (34 V x 7 Module)
Theoretische max. Nennleistung des Stranges: 1050 W (150 W x 7 Module)

4,1 A   4,4 A   4,3 A   4,2 A   4 A   4,35 A   4,4 A

Max. Ausgangs-Solarstrom - nach dem Prinzip
des schwächsten Gliedes einer Kette: 4 A
Tatsächlich erzielbare max. Leistung
aller Solarmodule: 952 W (238 V x 4 A)

Wechselrichter

230 V ~
zum Einspeisezähler

Dieselben Module mit modulintegrierten Wechselrichtern

4,1 A   4,4 A   4,3 A   4,2 A   4 A   4,35 A   4,4 A
139,4 W   149,6 W   146,2 W   142,8 W   136 W   147,9 W   149,6 W

modulintegrierte
Wechselrichter

Tatsächlich erzielbare max. Leistung
aller Solarmodule: 1011 W

230 V ~
zum Einspeisezähler

Abb. 8.7 – Vergleichsbeispiel zwischen einer Photovoltaikanlage mit einem gemeinsamen Wechselrichter und einer Anlage mit (sieben) modulintegrierten Wechselrichtern.

8.5 Welcher Wechselrichter ist der beste?

Ein guter Wechselrichter müsste imstande sein, auch geringste Solarleistungen ins öffentliche Netz einzuspeisen. Sein Eigenverbrauch sollte dabei gering sein (er müsste einen hohen Wirkungsgrad haben). Solche Wechselrichter gibt es aber noch nicht – zumindest nicht in wünschenswerter Qualität.

Die meisten Wechselrichter (und damit die noch stromerzeugende Photovoltaikanlage) schalten sich viel zu spät ans Netz ein und viel zu früh vom Netz ab. Hier wird die weiterhin erzeugte Energie „verschenkt". Von dem erzeugten solarelektrischen Strom wird vom Wechselrichter einfach ein Teil ignoriert und nicht verkauft.

Bei Wechselrichtern handelt es sich nicht um Massenware, sondern um Erzeugnisse, die in kleineren Serien hergestellt werden – was hohe Herstellungs- und Verkaufskosten mit sich bringt. Dem Kunden bleibt daher vorerst nichts anderes übrig, als einfach Ausschau nach dem bestmöglichen Wechselrichter zu halten und dabei Kompromisse in Kauf zu nehmen, die nach seinem Ermessen die optimale Schnittstelle zwischen folgenden Eigenschaften bilden:

- Möglichst breiter Eingangsspannungsbereich (PV-Spannungsbereich)
- Hoher Wirkungsgrad (bezogen auf einen breiteren Spannungsbereich)
- Selektive Anpassungsmöglichkeit pro Modulstrang
- Niedriger Stand-by-Verbrauch
- Ausreichende Kühlung (damit sich der Wechselrichter nicht an heißen Sommertagen automatisch vom Netz abschaltet)
- Angemessene maximale Leistung (eine um mehr als ca. 1/3 überhöhte Leistung verteuert unter Umständen unnötig das Gerät)

- Angemessener maximaler Eingangsstrom (auch hier reicht eine Reserve von ca. 1/3 aus Kostengründen aus)
- Zumutbarer Preis

Bei einigen Wechselrichtern ist noch darauf zu achten, ob die untere Schwelle des im Prospekt angegebenen Eingangsspannungsbereichs auch tatsächlich mit der Einschaltschwelle konform ist oder ob sie sich nur auf die Abschaltschwelle bezieht.

Darunter ist Folgendes zu verstehen: Es gibt Wechselrichter, deren *PV-Spannungsbereich* z. B. als 80 bis 250 Volt angegeben ist, die aber erst dann anfangen, ins Netz einzuspeisen, wenn die Solarspannung auf 110 Volt gestiegen ist, und erst dann abschalten, wenn die Solarspannung auf 80 Volt sinkt. Eine solche Eigenschaft kann sich vor allem während der Wintermonate aus folgenden Gründen als nachteilig erweisen: Wenn die Solarmodule leicht verschneit oder mit einer dünnen Eisschicht bedeckt sind, die Sonne dann scheint und der Wechselrichter dabei von den Solarmodulen eine Spannung erhält, die er ins öffentliche Netz einspeist, erwärmen sich die Solarzellen und Schnee oder Eis tauen ab. Die Module erhalten dadurch mehr Sonnenlicht (oder auch nur mehr diffuses Licht) und erzeugen auch unter solchen ungünstigeren Umständen Strom, der ins öffentliche Netz eingespeist wird.

Ist dagegen der Wechselrichter nicht fähig, auch relativ niedrige Solarspannungen ins Netz einzuspeisen, hält er unter den erwähnten Umständen weiterhin seinen „Winterschlaf". Auch wenn tagsüber die Sonne einige Stunden lang kräftig scheint, erzeugen die vom Schnee bedeckten (beschatteten) Solarzellen nur eine zu geringe Spannung, um den Wechselrichter aktivieren zu können, und die Anlage hält als Ganzes ihren Winterschlaf.

8.6   Konzeptlösungen bei aufwendigeren Anlagen

Unter den Begriff „aufwendigere Anlage" dürfte eine jede Photovoltaikanlage fallen, die aus mehreren Solarmodulsträngen besteht. Wird so eine Anlage gleich beim ersten Planungsschritt entworfen, ist es zwar sinnvoll, aber keinesfalls technisch erforderlich, dass eine einheitliche Konzeptlösung angestrebt wird. In der Praxis werden manche Photovoltaikanlagen erst etwas kleiner konzipiert und einige Jahre später noch erweitert: Es kommen neue Solarmodule oder Modulstränge dazu, und wenn es erforderlich wird, ist auch ein weiterer Wechselrichter fällig.

Das Wichtigste bei der Planung einer aufwendigeren Anlage ist, dass die einzelnen Solarmodul-Stränge möglichst perfekt an die verwendeten Wechselrichter angepasst werden. Obwohl diese technisch begründete Bedingung als eine Selbstverständlichkeit betrachtet werden müsste, wird in der Praxis gerade bei dieser so wichtigen Anpassung schwer gesündigt. Ein Teil der Schuld dürfte dabei den Wechselrichter-Herstellern zugewiesen werden, die es bis heute nicht fertig gebracht haben, ihre Geräte so zu konzipieren, dass sie die von den Solarmodulen gelieferte Solarenergie in einem soliden Umfang ins öffentliche Netz einspeisen. Es ist zwar nur eine Frage der Zeit, wann dies gelingt. Aus technischer Sicht steht dem aber nichts im Wege, denn machbar war es schon vor etlichen Jahrzehnten und die Techniken stehen zur Verfügung.

Bei der Planung einer Photovoltaik-Anlage ist es gegenwärtig immer noch sehr schwer, einigermaßen passende Wechselrichter aufzuspüren, die die vorgesehene Aufgabe wenigstens „dürftig" bewältigen. Gerade bei aufwendigeren Photovoltaikanlagen geht zu viel Solar-

energie dadurch verloren, dass bei einem etwas schwächeren Tageslicht der Solargenerator zwar Solarspannung und Solarleistung an den Wechselrichter-Eingang liefert, aber dieser speist sie nicht ins öffentliche Netz ein.

Der Planer einer Photovoltaikanlage hat es dann wirklich schwer, unter dem zur Verfügung stehenden Angebot an Wechselrichtern ein wirklich passendes Gerät ausfindig zu machen: Neben dem optimal passenden Eingangsspannungs-Bereich müssen auch der Eingangsstrom, die Leistung und der Wirkungsgrad des Wechselrichters mitberücksichtigt werden. Dies geht leider nur selten ohne Zugeständnisse. Vorerst.

Es bleibt im persönlichen Ermessen des Errichters, wie er ein solches Projekt gestaltet und welche Komponenten er dazu verwendet. Ein praktisches Beispiel zeigt Abb. 8.8: Ursprünglich wurde eine kleinere Solarzellenfläche (Foto rechts oben) installiert, die aus zwei Modulsträngen und zwei String-Wechselrichtern besteht. Einige Jahre später ist noch eine größere Solarzellenfläche dazugekommen (Foto links oben), die aus acht Modulsträngen besteht und von zwei Zentralwechselrichtern mit je vier Eingängen Gebrauch macht. Alle vier Wechselrichter sind ausgangsseitig parallel verschaltet und an den Einspeisestromzähler angeschlossen.

In technischen Zeichnungen werden Photovoltaikanlagen nach dem Beispiel aus Abb. 8.8 mithilfe von Schaltzeichen schematisch dargestellt. Das erleichtert vor allem bei aufwendigeren Anlagen die Übersicht und verdeutlicht auch die Anordnung der Solarmodulstränge (PV-Strings) oder einzelner Solarmodule (PV-Module).

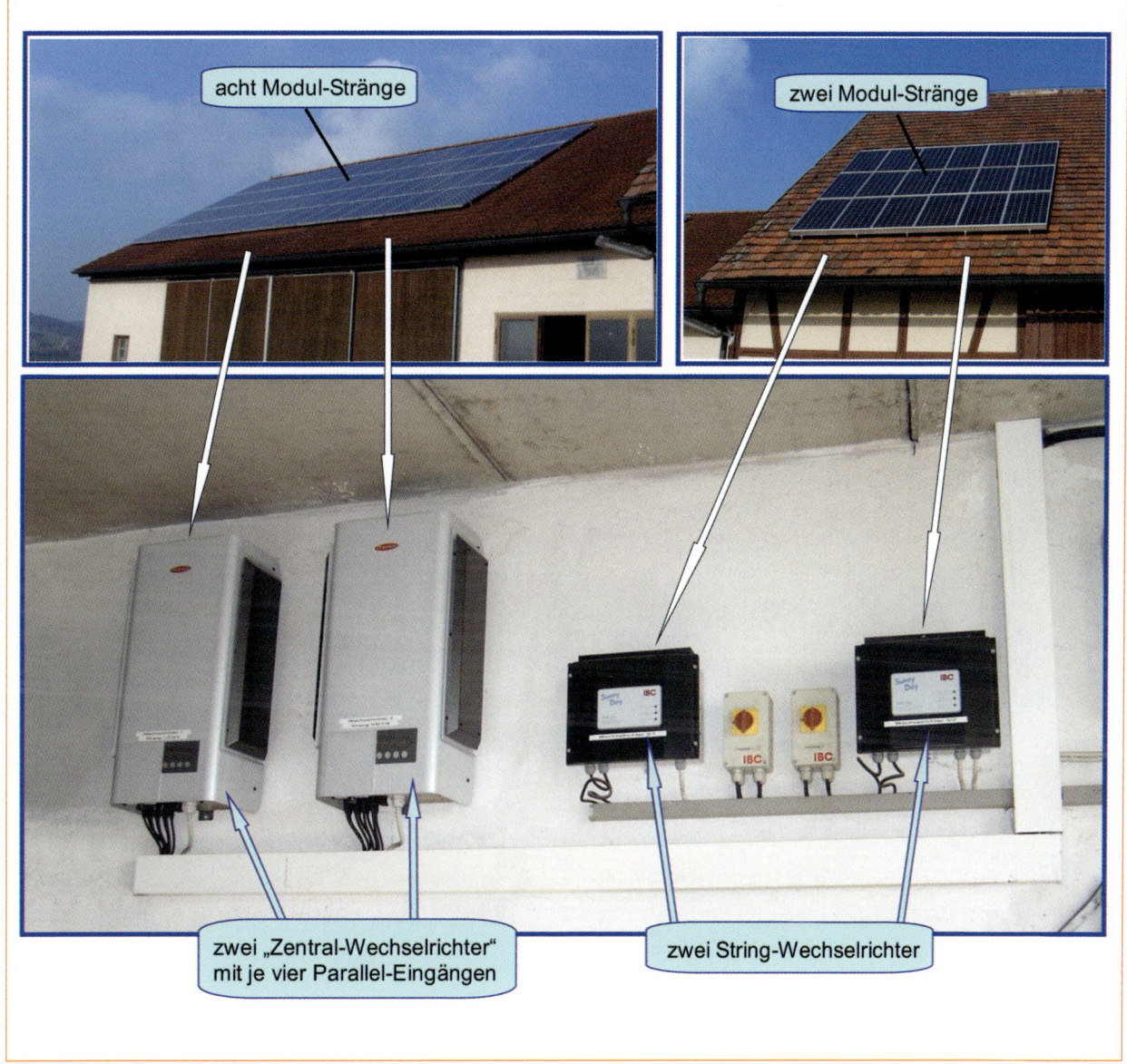

acht Modul-Stränge

zwei Modul-Stränge

zwei „Zentral-Wechselrichter" mit je vier Parallel-Eingängen

zwei String-Wechselrichter

Abb. 8.8 – Beispiel einer aufwendigeren Photovoltaikanlage, die mit zehn Modulsträngen ausgelegt ist (Anlagen-Betreiber/Errichter: Reiner Wiegner, Rothenburg o. d. Tauber).

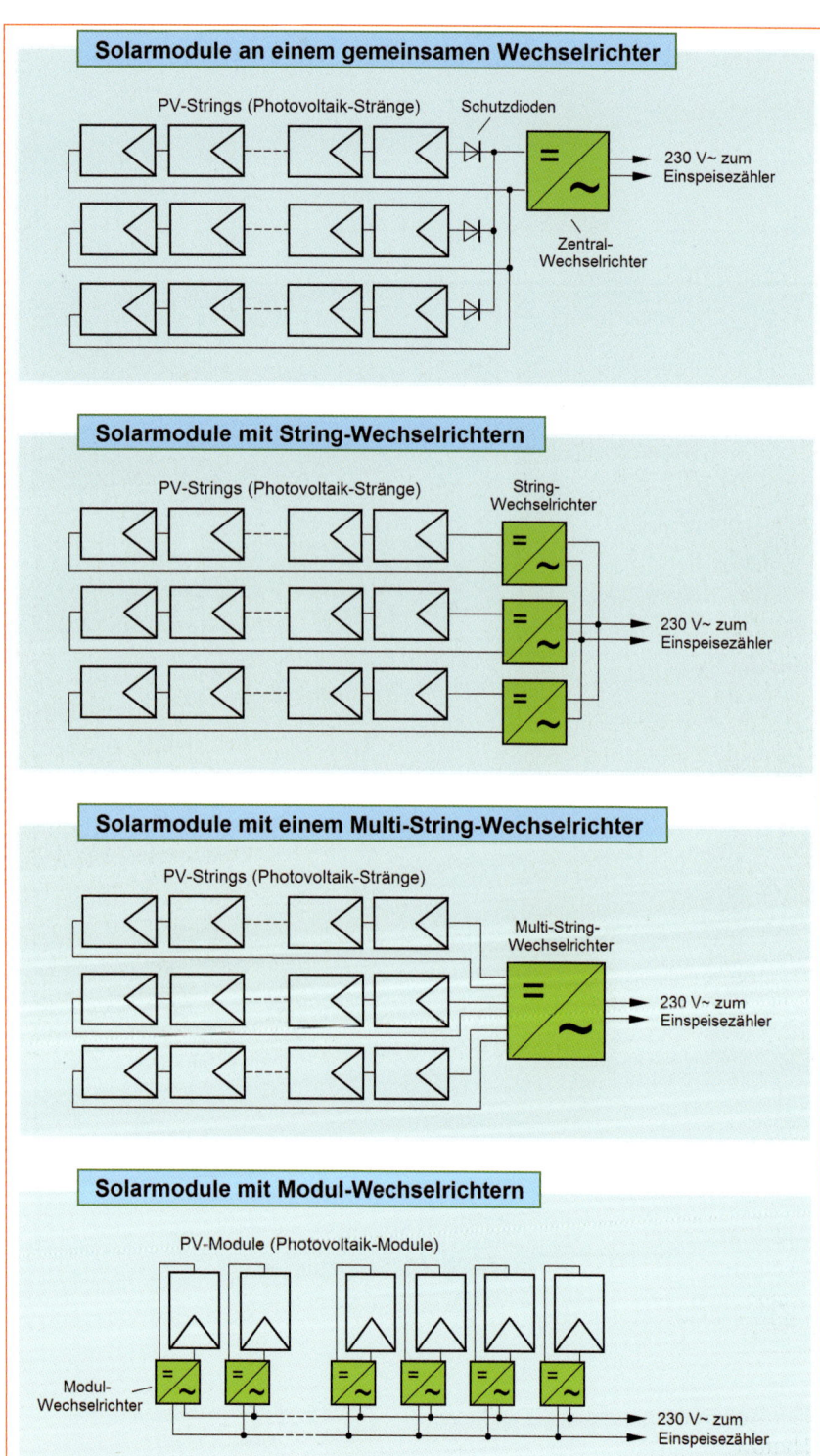

Abb. 8.9 – Schematische Darstellung von Photovoltaikanlagen, die nach den Prinzipien aus den Kapiteln 8.2 bis 8.4 ausgelegt sind.

9 Wechselrichter für netzunabhängige Anlagen

Bei kleineren netzunabhängigen Photovoltaikanlagen ("Inselanlagen") wird das elektrische Netz mit Vorliebe als 12- oder 24-Volt-Gleichspannungs-Netz ausgelegt. Für diese zwei Spannungen, die in kleineren Anlagenakkus gespeichert werden können, sind viele elektrische Verbraucher (Gleichspannungsverbraucher) auch als "Solarverbraucher" oder als Autozubehör erhältlich. Hier erübrigt sich dann die Verwendung eines Wechselrichters.

Wird jedoch für die solarelektrische Spannungsversorgung eine 230-Volt-Wechselspannung benötigt – was evtl. auch nur zusätzlich für einige spezielle Geräte erforderlich ist – ist ein Wechselrichter notwendig, der z. B. nach Abb. 9.1 direkt an den Tiefentladeschutz des Ladereglers oder alternativ auch nur direkt an die Klemmen des Anlagenakkus angeschlossen werden kann. Es gibt jedoch auch spezielle Solarwechselrichter, in denen der Laderegler, der Tiefentladeschutz und ein Messgerät mit Display integriert sind (Abb. 9.2).

Die Aufgabe eines solchen Wechselrichters besteht darin, dass er die ihm zugeführte Akku-Gleichspannung (von z. B. 12 oder 24 Volt) in eine 230 Volt-Wechselspannung umwandelt.

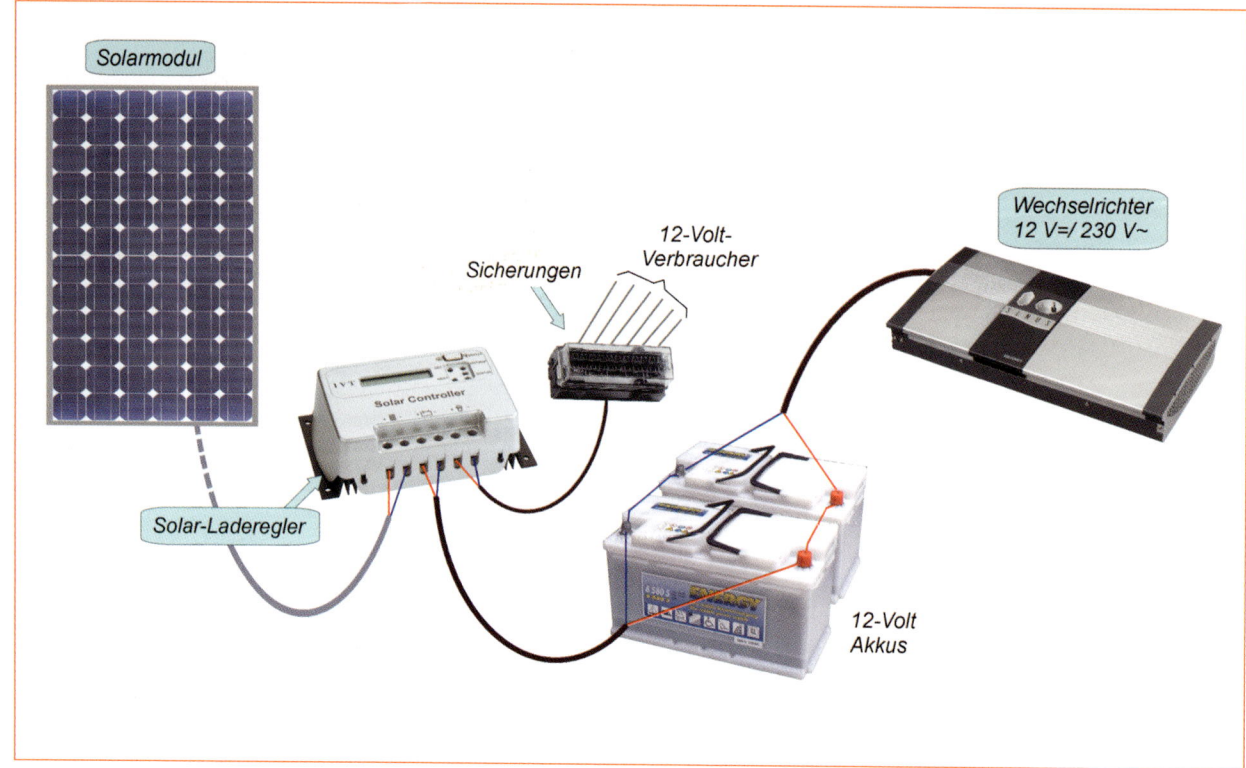

Abb. 9.1 – Einfache solarelektrische Stromversorgung mit einem Wechselrichter

9 Wechselrichter für netzunabhängige Anlagen

Für die Wahl eines Wechselrichters, der als separates Gerät in verschiedensten Leistungs-, Qualitäts- und Preisklassen gefertigt wird, sind folgende Eigenschaften und technische Parameter bestimmend:

a) Die Form der Ausgangsspannung
b) Die Eingangs-Nennspannung
c) Die Ausgangsspannung und Ausgangsleistung

Die **Form der Ausgangsspannung** kann – abhängig von der Preisklasse des Wechselrichters ziemlich unterschiedlich sein. Abb. 9.3 zeigt den Verlauf von verschiedenen Wechselrichter-Ausgangsspannungen. Die Form der Ausgangsspannung hängt von der internen Schaltungstechnik des Wechselrichters ab.

Die preiswertesten Wechselrichter liefern nur eine rechteckige oder trapezförmige Wechselspannung (Abb. 9.3a bis c). Sie hat zwar eine netzidentische Frequenz von 50 Hertz (Hz), ist aber zu grob und zu „unsauber", um z. B. Geräte zu betreiben, in denen Transformatoren sind, und ebenfalls ungeeignet für den Betrieb von elektronisch geregelten Handwerkzeugen, Staubsaugern usw. Diese Wechselrichter eignen sich im Grunde genommen allein für den Betrieb von Heizkörpern, in denen nur Heizspiralen die Wärme erzeugen – wie Heizkissen, Heizdecken oder Kochplatten.

Bei Wechselrichtern, die eine trapezförmige Wechselspannung erzeugen, kommt es darauf an, wie fein die Stufen dieser **Trapezspannung** tatsächlich sind. Eine grobe Trapezspannung nach Abb. 9.3 b unterscheidet sich nur geringfügig von der rein rechteckigen Spannung und ist nicht universal anwendbar. Bei einer feineren Trapezspannung – so wie sie in Abb. 9.3c prinzipiell dargestellt ist, können die Stufen bei manchen Geräten noch relativ grob, bei anderen Geräten dagegen derartig geformt sein, dass sie eine „fein digitali-

sierte" Sinusform bilden. Die letzteren Wechselrichter werden oft als „Quasi-Sinus-Wechselrichter" bezeichnet und eignen sich im Prinzip als kostengünstigere Alternative zu „echten" Sinus-Wechselrichtern für den Betrieb von allen Geräten und Werkzeugen, die für den „Steckdosen-Anschluss" vorgesehen sind.

Echte *Sinus-Wechselrichter* liefern ausgangsseitig oft eine qualitativ hochwertigere Wechselspannung, als aus einer Steckdose des öffentlichen Netzes bezogen werden kann, denn die Netzspannung wird durch diverse störende Netzverbraucher und Anlagen elektrisch verschmutzt. Sie weist dann in ihrem soge-

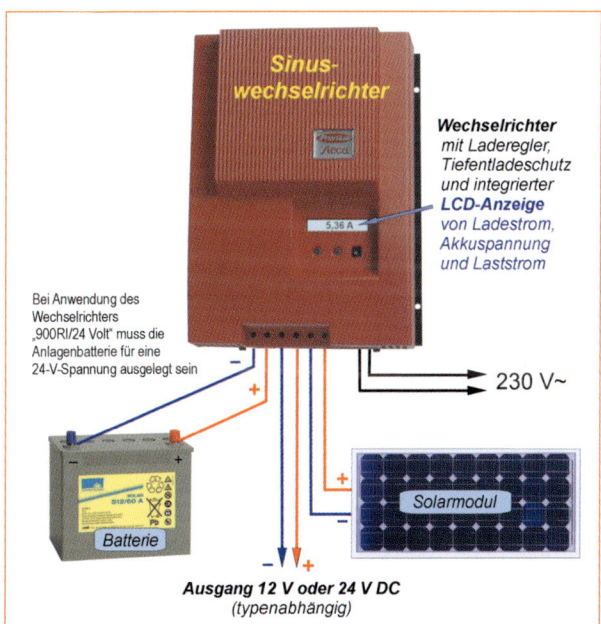

Abb. 9.2 – Der spezielle *Fronius-Sinuswechselrichter* ist für netzunabhängige Photovoltaikanlagen vorgesehen, beinhaltet einen Laderegler mit Tiefentladeschutz und ein Messsystem mit einer LCD-Anzeige, die den Ladestrom, die Modulspannung und die jeweilige Batteriespannung anzeigt. (Foto/Anbieter: Reichelt Elektronik)

9 Wechselrichter für netzunabhängige Anlagen

nannten *Oberwellenbereich* unerwünschte höhere harmonische Frequenzen auf und beinhaltet oft auch haardünne Hochspannungsspitzen (Hochspannungsnadeln), die sich aus diversen schlecht entstörten (meist gewerblichen) Steuerungen modulieren. Sinuswechselrichter eignen sich aus Kostengründen bevorzugt für empfindlichere elektronische Geräte, die sich mit einer geringeren Leistung zufrieden geben.

Die meisten Wechselrichter sind für eine theoretische **Eingansspannung** von 12 oder 24 Volt ausgelegt, aber arbeiten meist perfekt in einem breiteren Spannungsbereich von z. B 11 bis 15 Volt oder 22 bis 30 Volt.

Die Wechselrichter-**Ausgangsspannung** sollte bevorzugt 230 Volt~ (und nicht 220 Volt~) betragen. Die **Ausgangsleistung** richtet sich nach dem Bedarf. Ein Wechselrichter, dessen Ausgangsleistung zu genau auf die Abnahmeleistung des Verbrauchers abgestimmt ist, heizt sich während des Betriebs zu sehr auf. Ein Wechselrichter, der dagegen zu großzügig überdimensioniert ist, verbraucht intern unnö-

tig viel Energie. Ein Mittelweg ist daher angesagt. Zudem sollte ein Wechselrichter unbedingt eingangsseitig von dem Akku getrennt werden, wenn von ihm kein Strom bezogen wird, da er ansonsten von dem Anlagen-Akku seinen Stand-by-Strom bezieht.

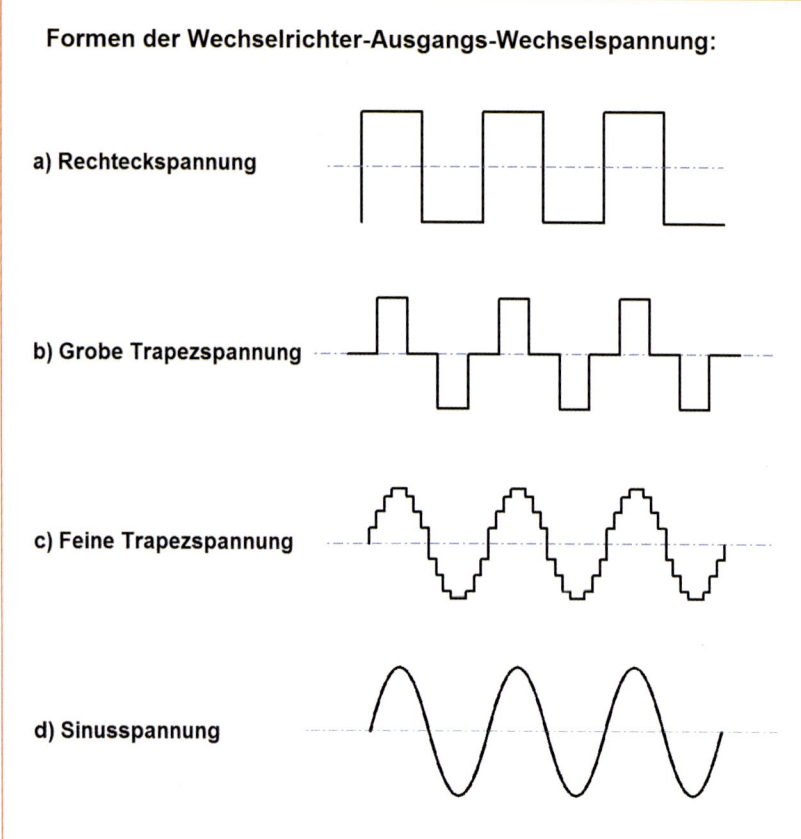

Abb. 9.3 – Verlauf verschiedener Wechselrichter-Ausgangsspannungen grafisch dargestellt

Formen der Wechselrichter-Ausgangs-Wechselspannung:

a) Rechteckspannung
b) Grobe Trapezspannung
c) Feine Trapezspannung
d) Sinusspannung

10 Verluste in den Solarstromleitungen

10 Verluste in den Solarstromleitungen

In jeder Leitung entsteht ein Energieverlust. Dem ist bei Photovoltaikanlagen auf eine einfache Weise vorzukommen: Die Leiterquerschnitte müssen einfach ausreichend großzügig dimensioniert werden.

Der Begriff *Leiterquerschnitt* ist erklärungsbedürftig: In der Elektrotechnik wird nicht der Leiterdurchmesser (in mm), sondern der Leiterquerschnitt (in mm²) angegeben. Eine Umrechnung vom Durchmesser in Querschnitt – oder auch umgekehrt – ist nur zu Kontrollzwecken erforderlich.

In Tabelle 8 sind sowohl die Leiterquerschnitte als auch die Leiterdurchschnitte aufgeführt. Sehr wichtig sind die hier aufgeführten ohmschen Widerstände der Leiter (Kupferleiter), denn sie sind für die energetischen Verluste in einer Leitung bestimmend. Der Leiterquerschnitt wird sowohl bei massiven Leitern (Drähten) als auch bei Kabeln (die aus geflochtenen Kupferdrähten bestehen) in der gleichen Abstufung gehandhabt. Die elektrischen Verluste sollten vor allem bei längeren Leitungen rechnerisch überprüft werden.

Wir haben dieser Tabelle den ohmschen Leiterwiderstand pro 10 Meter Leiterlänge beigefügt, der sich für eventuelle Berechnungen der Spannungs- und Leistungsverluste in der Leitung als dienlich erweisen kann. Bei Kabelanschlüssen oder zweiadrigen Stromleitungen muss der Strom hin- und zurückfließen. Daher ergibt ein 5-m-langes Kabel für den Strom eine 10-m-lange Leitung – wie Abb. 10.1 verdeutlicht.

Was man sich unter diesen Überlegungen konkret vorstellen kann, zeigt ein praktisches Beispiel: Die Stromzuleitung vom Wechselrichter zum Einspeisezähler erfolgt mit einem 20-m-langen Kabel mit einem Leiterquerschnitt von 2 × 6 mm². Die Länge der zwei Leiter beträgt somit 40 m. Der ohmsche Widerstand dieser Leitung beträgt 0,12 Ω (4 × 0,03 Ω).

Die ins öffentliche Netz eingespeiste Leistung beträgt maximal 2,5 kW (= 2.500 W). Bei der Berechnung der Energieverluste interessiert uns nur der übertragene Strom (in diesem Fall der maximale Strom). Die übertragene Spannung muss im Wechselrichter bekanntlich auf

Leiterquerschnitt:	Leiterdurchmesser:	Widerstand pro 10 m Länge:
0,75 mm²	0,98 mm	0,232 Ω
1 mm²	1,13 mm	0,178 Ω
1,5 mm²	1,38 mm	0,117 Ω
2,5 mm²	1,78 mm	0,07 Ω
4 mm²	2,25 mm	0,045 Ω
6 mm²	2,75 mm	0,03 Ω
10 mm²	3,60 mm	0,018 Ω
16 mm²	4,50 mm	0,012 Ω
25 mm²	5,65 mm	0,071 Ω
35 mm²	7,50 mm	0,053 Ω
50 mm²	8,00 mm	0,036 Ω

Tab. 8 – Leiterquerschnitt, Leiterdurchmesser und der ohmsche Leiterwiderstand.

230 V~ transformiert werden. Diese 230 V~ setzen wir nun in die Formel Leistung [W] : Spannung [V] = Strom [A], also: 2.500 W : 230 V = 10,9 A. Für den eigentlichen Spannungsverlust in der Leitung gibt es eine einfache

Empfehlung

Rechnen Sie sich nach unserem vorhergehenden Berechnungsbeispiel aus, wie es z. B. mit dem Leistungsverlust in Ihrer Kabelzuleitung von dem Wechselrichter zum Einspeisestromzähler aussieht. Sie müssen den technischen Unterlagen oder der Rechnung Ihres Installateurs entnehmen, welche Leiterquerschnitte die von ihm angelegten Kabel haben. Notfalls können Sie mit einem Messschieber die Durchmesser der Kupferleiter nachmessen – selbstverständlich an spannungsfreien Leitungen!

Formel (das ohmsche Gesetz): **Spannung** (oder auch Spannungsverlust) **in Volt = Strom in Ampere × Widerstand in Ohm** (Ω), also: 10,9 A × 0,12 Ω = 1,31 V.

Wenn man nun diese Verlustspannung von 1,31 Volt mit den Strom von 10,9 A multipliziert, erhält man die maximal mögliche Verlustleistung in der Zuleitung vom Wechselrichter zum Einspeisezähler: 1,31 V × 10,9 A = 14,28 W.

Der Energieverlust ist hier nicht allzu hoch, kann jedoch theoretisch nach ca. 70 Stunden bis zu 1 kWh (eine Kilowattstunde) betragen.

Bei den meisten Photovoltaikanlagen sind erfahrungsgemäß die Kabelleitungen gut dimensioniert und verdienen Aufmerksamkeit nur dann, wenn sie als Verbindungskabel zwischen den Solarmodulen und dem Wechselrichter oder zwischen dem Wechselrichter und dem Einspeisezähler eine Länge von ca. 30 m überschreiten.

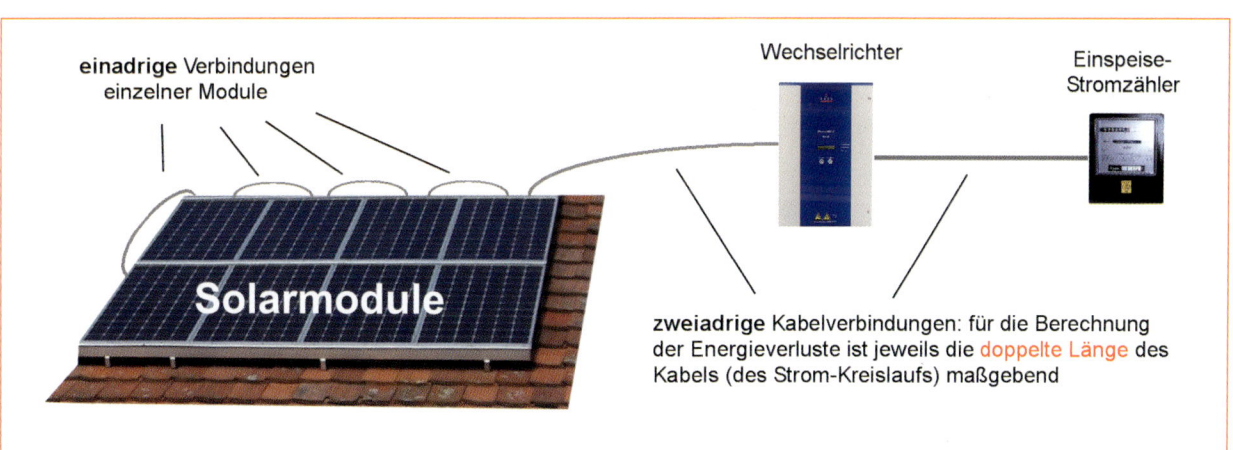

Abb. 10.1 – Für die Berechnung der Verluste in einer Leitung ist nicht die Länge der Kabel, sondern die tatsächliche Länge der Leiter bestimmend, durch die der Strom hin- und zurückfließt.

Gefällt Ihnen dieses Buch? Vielleicht sind Sie an weiteren Fachinformationen oder an anderen Themen interessiert, die von Bo Hanus verfasst und vom Franzis Verlag herausgegeben wurden? Hier die Übersicht der aktuellen Titel:

- Solar-Dachanlagen selbst planen und installieren (2. Auflage, 128 Seiten)
- Wie nutze ich Solarenergie in Haus und Garten? (neu, 128 S.)
- Wie nutze ich Solar- und Windenergie in der Freizeit und im Hobby (neu, 128 S.)
- Praktische Solaranwendungen mit Leuchtdioden (neu, 128 S.)
- Experimente mit superhellen Leuchtdioden (153 S.)
- Spaß & Spiel mit der Solartechnik (112 S.)
- Solaranlagen richtig planen, installieren und nutzen (2. Auflage, 300 S.)
- Der leichte Einstieg in die Elektronik (5. Auflage, 363 S.)
- So steigen Sie erfolgreich in die Elektronik ein (4. Auflage, 97 S.)
- Solar-Dachanlagen selbst planen und installieren (2. Auflage, 128 S.)
- Haushaltselektrik selbst installieren und reparieren (neu, 128 S.)
- Elektroinstallationen in Haus und Garten – echt leicht! (97 S.)
- Wie nutze ich Windenergie in Haus und Garten? (3. Auflage, 97 S.)
- Das große Anwenderbuch der Windgeneratoren-Technik (319 S.)
- Das große Anwenderbuch der Solartechnik (2. Auflage, 367 S.)
- Hausversorgung mit alternativen Energien (neu, 128 S.)
- Digitale Satellitenanlagen selbst installieren (neu, 128 S.)
- Haushaltselektronik selbst reparieren (neu, 128 S.)
- Elektrische Haushaltsgeräte selbst reparieren (neu, 128 S.)
- Öl- und Gasheizung selbst warten und reparieren (neu, 128 S.)
- Sanitäranlagen selbst reparieren (neu, 128 S.)
- Der leichte Einstieg in die Elektrotechnik (219 S.)
- Drahtlos schalten, steuern und übertragen in Haus und Garten (234 S.)
- Drahtlos überwachen mit Mini-Videokameras (205 S.)
- Schalten, Steuern und Überwachen mit dem Handy (2. Auflage, 97 S.)
- Der leichte Einstieg in die Mechatronik (neu, 268 S.)
- Spaß & Spiel mit der Elektronik (120 S.)
- Erfolgreicher Service elektronischer Musikinstrumente (343 S.)
- Das große Anwenderbuch der Elektronik (2. Auflage, 351 S.)
- Selbstbau-Roboter für Alarm- & Sicherheitsaufgaben (172 S.)
- Kampfspiel-Roboter im Selbstbau – Robot WARS (97 S.)

Einige der hier aufgeführten Bücher sind möglicherweise inzwischen im Buchhandel vergriffen, stehen aber in städtischen Büchereien als Leihbücher zur Verfügung oder werden dort für den Interessierten besorgt.

* *

Lieferantenhinweis (auch für Kataloganforderung):

Conrad Electronic
Klaus Conrad Str. 1
92240 Hirschau
Tel.: 01 80/5 31-21 11
Fax: 01 80/5 31-21 10
E-Mail: *www.conrad.de*

Reichelt Elektronik
Elektronikring 1
26452 Sande
Tel.: 0 44 22/9 55-333
Fax: 0 44 22/9 55-111
E-Mail: *www.reichelt.de*

Stichwortverzeichnis

Stichwortverzeichnis